"十三五"普通高等教育本科部委级规划教材

创意性服装陈列设计

CREATIVE CLOTHING
DISPLAY DESIGN

凌 雯 ｜ 编著

中国纺织出版社

内 容 提 要

本书为"十三五"普通高等教育本科部委级规划教材。

本书系统介绍服装陈列的技术原理和方法，包括服装陈列的相关概念、有关原理及具体操作细节。通过对大量欧美国家及我国当代优秀服装陈列案例的介绍与剖析，使学生更为直观地理解并易于掌握服装陈列的各个要领，易学易懂，具有较强的指导性和实用性，从而全面地学习和掌握服装陈列设计的相关原理和方法，提高服装陈列设计和制作的审美及表现能力。本书紧跟我国服装销售终端陈列设计的发展，是作者中外服装陈列理论教学和研究的结晶。

本书既可作为高等院校服装专业教材，也可作为服装行业相关从业人员的参考用书。

图书在版编目（CIP）数据

创意性服装陈列设计 / 凌雯编著. —北京：中国纺织出版社，2018.8（2022.3重印）

"十三五"普通高等教育本科部委级规划教材

ISBN 978-7-5180-5013-0

Ⅰ.①创… Ⅱ.①凌… Ⅲ.①服装—陈列设计—高等学校—教材 Ⅳ.①TS942.8

中国版本图书馆CIP数据核字（2018）第099613号

策划编辑：魏 萌　　责任校对：楼旭红　　责任印制：王艳丽

中国纺织出版社出版发行

地址：北京市朝阳区百子湾东里A407号楼　　邮政编码：100124

销售电话：010—67004422　传真：010—87155801

http://www.c-textilep.com

E-mail:faxing@c-textilep.com

中国纺织出版社天猫旗舰店

官方微博http://weibo.com/2119887771

北京华联印刷有限公司印刷　各地新华书店经销

2018年8月第1版　2022年3月第5次印刷

开本：787×1092　1/16　印张：10.5

字数：120千字　　定价：58.00元

前言

　　服装陈列设计（Fashion Display）从100多年前诞生以来，到当今已经发展成为一项相当大的产业。服装陈列设计属于服装品牌视觉形象设计（VMD）的一部分，是一门涵盖服装消费心理学、服装市场学、视觉艺术学、空间造型学、美学等多学科的专业学科。其目的是吸引顾客、传达品牌形象、营造品牌氛围及促进和增加销售。

　　我国的服装陈列经过近30年的快速发展，已形成了较为成熟的产业。与十多年前委托广告公司和室内装潢公司设计制作服装店铺陈列的情况不同，如今的品牌服装都拥有自己的陈列设计团队，品牌的陈列展示更具有系统性和延续性。由于服装商品感性因素占主导的特殊性，品牌视觉形象对于品牌的塑造和巩固举足轻重。当中国的服装产业从"世界加工厂"向拥有自己的知名品牌发展时，国内服装企业的营销意识日益加强，服装品牌视觉形象的提升更是服装产业升级换代的关键所在。从近年来服装企业的招聘情况来看，品牌企划类人才，特别是服装陈列设计人员，存在需求量很大的缺口，而目前国内开设这一专业的院校为数不多，专业的理论指导也相对匮乏，在这种情况下，本书的编写就显得具有实际意义。

　　实用设计艺术与纯艺术的区别在于它必需迎合目标受众的审美趣味，赢得目标受众的认可并使其产生共鸣。特别作为与时尚联系最为紧密的服装陈列来说，其展示的内容或者说表现的主体就是时尚产品，因此，顺应时代潮流是设计师树立设计观念的首要法则。21世纪是一个迅猛发展的时代，每隔几年科学技术和社会思潮就会产生巨大的变化，人们对产品的功能概念和精神需求也在急速的转换，网络购物对实体店的冲击已经显而易见。服装行业实体店必须打造远胜于网络的消费体验才是取胜的关键，其中服装店铺的氛围是仅次于穿着体验的重要因素。"体验经济""概念消费"对服装销售提出了新的要求，而我们相关院校的教学理念和实践方式，都没有跟上这一步伐。当代设计教育体系应当涵括基础理论和实践环节，是艺术审美、消费心理和操作技能等综合素质的结合。本书的编写即是对国外服装陈列教学研究的引用继承，更多的是对21世纪艺术设计新教学体系的探索和尝试。

在撰写本书前，笔者曾在美国纽约时装技术学院进修服装品牌视觉形象设计的课程，多次考察美国时尚集中地如SOHO、SEVENTH AVENUE等街区和东京的著名品牌专卖店的展示陈列，并通过朋友和业内人士收集了大量欧美、日本的服装陈列实例资料。本书通过对欧美、日本及国内当代的一些优秀服装陈列案例的介绍，结合笔者教学工作中积累的经验，加以学生作品的点评分析，使同学们对服装展示的特点、设计要领和流行趋势具有感性和理性的了解，希望能给同学提供有益的启发，从中学到服装陈列设计的相关原理和方法。本书同样也适合相关需求的企业培训所用。

本书的出版离不开许多人的辛勤劳动和帮助，在此感谢为本书提供优秀作品和拍摄陈列照片的浙江理工大学服装设计专业的同学们。

附部分陈列照片拍摄者名单：苏友朋、朱加睦。

作品作者名单：张泽鹏、俞双蕾、柴晓敏、陈力超、周胜南、陈白羽、朱之恒、赵毅、陶振华、谢帅、蔡诗瑜、周双、邹玲、汪引路、桂晓菲、胡舒婷、吴曼、陆斌、郁琼、赵莉。

编著者

2018年1月

教学内容及课时安排

章 / 课时	课程性质 / 课时	节	课程内容
第一章 /2	理论讲解： 案例观摩与分析 /1 课堂讨论与思考 /1	·	**概论**
		一	服装陈列对服装销售的作用
		二	服装陈列设计的起源与发展
第二章 /8	理论讲解： 案例观摩与分析 /2 市场调研，案例考查与分析 /6	·	**服装陈列设计的基本理论**
		一	服装陈列设计的组成部分
		二	服装陈列设计的前期准备
		三	服装陈列设计成功的要点
第三章 /16	理论讲解： 案例观摩与分析 /12 课堂讨论与思考 /4	·	**服装陈列设计的元素构成**
		一	服装陈列设计的构成形式
		二	空间的尺度与布局
		三	色彩的组合与格调
		四	材质的搭配与影响
		五	灯光的氛围与烘托
		六	展具的设计与选择
第四章 /6	理论讲解与练习： 案例观摩与分析 /2 陈列方案设计与制作 /4	·	**店面形象的策划与设计**
		一	店面外观形象的设计原则
		二	店面形象的设计要素
第五章 /16	理论讲解与练习： 案例观摩与分析 /4 陈列方案设计与制作 /12	·	**橱窗展示的策划与设计**
		一	橱窗展示的设计要点
		二	橱窗的构造形式
		三	橱窗陈列的选样原则
		四	橱窗陈列的构思技巧
第六章 /16	理论讲解与练习： 案例观摩与分析 /4 陈列方案设计与制作 /12	·	**品牌服装的店铺陈列设计**
		一	店铺陈列的组成部分
		二	店铺陈列的规划构成
		三	店铺陈列的容量规划
		四	店铺陈列的设计原则

注　各院校可根据自身的教学特色和教学计划课程时数进行调整。

目录

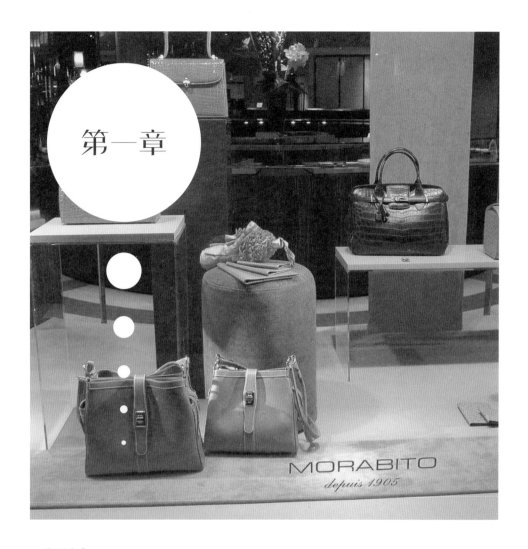

第一章

概论

课题名称：服装陈列设计概论

课题内容：服装陈列对服装销售的作用、服装陈列设计的起源与发展。

课题时间：2课时

教学目的：使学生对服装陈列的目的和作用有个概括的认识。

教学方式：理论讲解与课堂讨论。

本章重点：1. 现代服装消费的属性更趋向于满足人们的精神需求。

2. 服装陈列的目的是为了增加服装商品的吸引力。

3. 成功的服装陈列能够向消费者传达产品风格、品牌理念。

课前（后）准备：学生查找资料，了解分析中外服装陈列的特点。

第一节　服装陈列对服装销售的作用

一、服装销售的特点

服装商品的特点在于它既是物质产品，又是精神产品。人们穿着服装满足保暖、遮体等基本需要的同时，还通过着装表现自我，满足精神和心理需要，是人心理因素的综合外露。服装商品的两重性决定了它的经营体系有别于其他商品的经营体系，即它完全脱离了其他商品诉求的坚固耐用、功能繁多等特点，转向纯粹地表现自我的精神需求。随着人们生活水平的上升、社会物质的日益丰富，服装满足消费对象精神需求的"软性因素"远远超越了保暖、遮体等"硬性因素"，对服装产品的销售起到了举足轻重的作用。现代绝大多数消费者购买服装产品纯粹是一种情感上的渴求，是自我实现的工具，因此特别注重服装的美化作用和购物氛围。可以这么说，服装消费是一种典型的"冲动消费""情绪购买""眼球经济"，人们购买服装时更加注重个性的满足、精神的愉悦，对科技含量要求不高（特殊功能性服装除外），与售后服务等附加服务关联不大。

二、服装陈列设计的概念

服装陈列设计是一门视觉造型艺术，属于服装品牌视觉形象设计（VMD）的范畴，是一门涵盖服装消费心理学、服装市场学、视觉艺术学、材料学、空间造型学、美学等多学科的专业学科。服装陈列设计是一种视觉表现手法，用出样方式、色彩、道具、灯光等具体要素来表达服装产品的特色和品牌理念，是服装商品在销售终端的展示及终端店铺的空间布局规划。服装陈列的目的是为了增加服装商品的吸引力，提升服装产品的档次，从而实现购买，促进销售。陈列设计是对服装产品的再包装，对服装产品的销售具有重要意义，它不但可以吸引消费者的注意力，更是展示设计理念和品牌文化的途径。

三、服装陈列设计的作用

创立和维护一个成功的品牌形象是增加服装产品和品牌附加值、促进销售的主要途径，直接面对消费者的销售终端的视觉形象（陈列效果）尤其重要。

好的服装陈列能够提升服装商品的档次、增加购物环境的趣味性；清晰地向消费者传达产品风格、品牌理念，并能给予消费者充分的联想和想象。在众多服装品牌充斥市场的情况下，通常消费者能记住的只是有限的几个品牌。能吸引并使消费者记住的品牌，除了具有强烈的视觉冲击力之外，能契合消费者的审美品位、心理需求便成为品牌视觉形象的主要诉诸点。

服装陈列的作用归纳为：

1. 展示商品

人是"视觉动物"，总是容易被漂亮的东西所吸引。一件衣服，挂在角落里和完整地穿在模特身上所营造的效果是截然不同的。因为设计精美的橱窗而产生"进去看看"的冲动的例子不胜枚举。服装陈列通过着装美学理念、色彩学、环境艺术、灯光艺术等的综合运用，把服装产品以最理想的状态呈现出来，使消费者被吸引、易于接受产品信息，进而产生联想，最终决策试穿和购买（图1-1、图1-2）。

2. 营造购物氛围

陈列设计师通过色彩、道具、灯光、背景音乐等将商品陈列空间打造成优雅、温馨、仿真、梦幻的视觉效果，除了能更好地烘托商品之外，还使购物者身临其境，对着装感觉产生联想，从而引起购买欲。如前所述，人们购买服装商品的时候感性的一面有着相

图1-1

图1-2

图 1-3

当大的影响，服装色系的合理安排、单品款式的错落有致、出样方式的新奇有趣，都能营造一个特别的购物氛围，使消费者在浏览商品过程中始终充满着愉悦，并产生购买的欲望。如童装品牌 Paw in Paw 的婴童区，货柜货架采用原木本色和柔和的奶油色，利用藤编器具和婴儿床等道具，营造一个温馨明亮的空间，顾客仿佛置身于家中的婴儿房，唤起了心中初为父母的喜悦和柔软（图 1-3）。再如同为依恋旗下的童装品牌 Cocorita，因为走的是中高端的路线，以一线商场为销售渠道，其店铺陈列非常精美，充分利用衣服出样效果和醒目的色彩搭配塑造明快、高端的购物氛围（图 1-4）。

3. 增加产品附加值

顾客购买商品是觉得价格符合商品的档次，如果商品具有魅力，适当高的价格也能

图 1-4

够吸引购买。好的陈列能使服装商品提高档次，高雅的空间、灯光的烘托、精美的道具、富有感染力的背景音乐等都是使商品增值的途径。置身于这样的环境，顾客会觉得服饰商品物有所值甚至物超所值。宽敞的陈列空间、原木地板、色彩讲究的地毯、巨大的水晶吊灯和精美的道具，都是打造高端购物环境的不二法则（图1-5、图1-6）。

4. 提升品牌形象

虽然消费者不会仅仅因为展示做得好就购买服装商品，但好的陈列展示强化与充分体现品牌个性特征，会给顾客留下深刻的、美好的印象，对品牌的记忆也会深刻，并将导致他（她）长期光顾，形成潜在消费。店铺陈列应该为消费者再现他们（期待）生活的一部分，理想的陈列塑造的格调甚至能提升消费者审美度、引导生活方式的改变（图1-7）。如因场地的限制，影像资料的运用是不错的选择，可以利用动感光影和声音吸引顾客，并可以随时更换播放内容。女装品牌MIONI ROSA就在货架陈列边设置影像设备，循环播放当今款式的秀场视频，使消费者对服装产生联想，觉得自己穿上这些服装就好

图 1-5

图 1-6

图 1-7

图 1-8

图 1-9

图 1-10

比T台上的模特（图1-8）。如今许多有实力的服装品牌都会采用播放视频这一方式来增强对顾客的吸引力。

5. 促进销售

展示商品的最终目的是为了销售。商家的目的是尽可能销售多的商品。通过商品陈列的搭配展示，将单件的服饰相互组合搭配，体现出完整的着装状态，能够达到扩展销售的目的。单件服饰商品留给人的印象是有限的，比如某些基本款，部分消费者对此表现出较少的兴趣。然而将同一件上衣与不同款式的裤子或裙子组合搭配后，再配以与风格一致的包或帽子等服饰配件，所呈现的效果是截然不同的。消费者往往会包括服饰品整套购买，由此增加了购买量（图1-9、图1-10）。

第二节　服装陈列设计的起源与发展

服装陈列起源于19世纪欧洲商业和百货业的发展，它作为服装产业必不可少的组成部分，已经在欧美发达国家发展了一百多年。时间可以追溯到19世纪中期，1858年，当查尔斯·沃斯把自己的时装店布置成沙龙的形式，别出心裁地设计室内陈设、照明，并使用人台来展示自己的设计作品[1]，可谓是服装陈列设计的鼻祖。随着西方现代商业的繁荣，陈列技术已经发展成为一门专业学科，成为商家竞争的重要手段，在发达国家被广泛重视和应用。当今欧美包括日本的服装陈列已有了相当成熟的行业规范和较高的专业技能，在服装陈列的发展上投入了不少精力。特别是国际知名品牌，对保持陈列风格的统一性要求非常高。虽然根据门店店铺分级的不等，商品备货的齐全度有所不同，陈列的完整度也有相应的差别，但是所有的店铺形象都必须保持一致性，使消费者仅凭店铺陈列就可以判断是何品牌。例如BOSS的领带一定是挂在架子上展示销售的，而GH的领带一定是卷成圈，摆放在一个个小方格内展示[2]（图1-11~图1-14）。每当换季时，都会有专门的指导陈列手册，详尽说明服装如何出样、款式如何搭配，所有的法则和标准都必须按照手册来实施。

我国在20世纪20~30年代的上海，开设了第一批百货公司，如"先施""永安"等。

图 1-11

图 1-12

---

[1] 李当歧.西洋服装史［M］.北京：高等教育出版社，2005。
[2] 王朝钰.论专卖店商品陈列方法探讨［J］.消费导刊，2008，4：198。

图 1-13   图 1-14

图 1-15

图 1-16

当时的创建者引进西方的百货商店运营管理模式，进口西方时新的商品——"统办环球百货"，并有了最初的商品陈列，给当时的消费者带来了最为时髦的购物体验（图1-15、图1-16）❶。我国的服装陈列经过30多年的发展，已形成了较为成熟的产业。与十多年前委托广告公司和室内装潢公司设计制作服装店铺陈列的情况不同，如今的品牌服装都拥有自己的陈列设计团队，品牌的陈列展示更具系统性和延续性。区别于欧美有些服装店铺陈列的艺术化、主题化、个性化，追求刺激眼球的效果，我国的服装陈列更侧重于挑选商品的便利性和视觉的舒适性。

好的陈列设计师不但要对品牌了如指掌，更要对产品定位清晰，对时尚变换的把握，对环境造型的理解，所以对服饰陈列设计师综合能力要求相当高。随着近年来国际服装品牌大举进军国内市场，强大的品牌效应、隆重的市场推广活动，都给国内服

❶ 图片来源：http://tv.cctv.com/。

图 1-17

装陈列带来了不小的震撼。越来越多的商家已经注意到陈列对服装销售的重要性，也涌现了一批较好的设计，更会聘请国外一些知名设计师来进行设计，如位于杭州环城西路的浪漫一生旗舰店的店堂造型，就出自日本著名设计师SAKO之手（图1-17）。服装陈列的观念技术的更新进步还需要一段相当的时间，做出具有国际水准的店铺形象，是我们努力的一个重要方向。

本章小结

1. 服装同时满足人们的物质需求和精神需求，现代服装的属性更趋向于满足人们的精神需求。

2. 服装陈列的目的是为了增加服装商品的吸引力，提升服装产品的档次，从而导致购买。

3. 成功的服装陈列能够提升服装商品的档次、增加购物环境的趣味性；清晰地向消费者传达产品风格、品牌理念，并能给予消费者充分的联想和想象。

4. 当今的陈列技术已经发展成为一门专业学科，成为商家竞争的重要手段。

思考题

1. 服装陈列如何影响服装销售？
2. 服装陈列如何提升服装品牌形象？

第二章

服装陈列设计的基本理论

课题名称：服装陈列设计的基本理论

课题内容：服装陈列设计的组成部分、服装陈列设计的前期准备、服装陈列设计成功的要点。

课题时间：8课时

教学目的：使学生了解服装陈列组成部分。

教学方式：理论讲解与课堂讨论。

本章重点：1. 服装陈列的组成部分。

2. 服装陈列设计的前提。

3. 服装陈列设计的要点。

课前（后）准备：学生查找资料，分析服装陈列各个组成部分的特点和在服装销售中所起的作用。

图 2-1

图 2-2

图 2-3

第一节 服装陈列设计的组成部分

一、店面形象设计

店面形象设计是服装视觉营销的重要组成部分，它包括专卖店（或专柜）的店面、入口的设置、店铺整体的色彩、材质、风格等的整体规划设计。店面形象是消费者接触品牌的第一印象，好的店面形象设计能告诉顾客该品牌服装的档次、风格路线等，使顾客在店外就知道品牌服装是否符合自己的需要（图 2-1）。

二、橱窗陈列设计

我们都听到过"橱窗是无声的推销员"这样的说法。从某种意义上来说，橱窗陈列确实是服装品牌的眼睛，它在第一时间向顾客传达品牌理念、当季产品的风格主题、商品的个性特色等信息。特别是入夜后的都市街道，行人的视线会更多地驻流在活色生香的橱窗上，并为之吸引。橱窗陈列的好坏与否直接影响到顾客对品牌的认知度。如图 2-2 所示为夏奈尔的专卖店橱窗，采用了经典的夏奈尔 NO.5 香水瓶型为道具，并摆在陈列视觉中心；背景墙采用夏奈尔套装经典的黑白格子装饰，让人在很远的地方也能知道这是夏奈尔。图 2-3 所示为熟女风格的服装品牌，无论是人台模特的姿态动作选用，还是欧式经典家具的衬托，还有玻璃上卷曲的花样图案，全方位地塑造出一个优雅的熟女形象。

图2-4

三、店铺陈列设计

店铺陈列设计是指销售区域的设计安排，包括场地的划分布局、整体格调塑造、气氛营造、色彩、灯光、道具等的选择安排、产品陈列手段等。店铺陈列设计能塑造良好的购物氛围、传达产品设计理念，使消费者易于接受产品信息，强化品牌形象，形成强烈的现场感召力，促进销售（图2-4、图2-5）。

图2-5

第二节　服装陈列设计的前期准备

一、服装品牌研究和消费者分析

服装陈列设计是为品牌服务的，是强化和提升品牌形象的途径。产品的品牌文化通过产品风格、质量、广告、包装、陈列等具体形式体现出来。每个品牌的品牌风格、经营理念、目标市场都不尽相同，因此，陈列设计不能脱离品牌定位而随意创造，必须进行品牌文化研究，契合品牌的诉求点，并强化这一个性风格，打造独特的吸引力。比如童装品牌ELAND KIDS 和 BOB　DOG，由于ELAND KIDS品牌做的是美式校园风格，因此店铺的陈列也相应地表现为温馨、亲切的美式家居格调（图2-6）；而BOB　DOG走的是可爱路线，陈列就表现出明快、简洁、可爱的风格（图2-7）。

企业生产的产品最终目的是要销售给消费者，服装陈列设计是帮助这一目的更好、更快地完成。只有与消费者生活方式、审美文化及心理特征相符合的品牌形象才能被广泛认同。因此，对目标消费群的细分研究分析是进行服装陈列设计之前要做的另一个重要工作，它与产品设计应该是同步进行的。对消费者的分析可从硬性和软性两个方面来进行，硬性的要素包括：年龄、收

图2-6

图2-7

入、文化、地域等；软性的要素有：性格、气质、审美、情感、生活样式等。硬性和软性要素共同构成了消费者对品牌的具体要求，也体现在什么样的陈列风格能吸引他们并深入人心，导致购买行为和忠诚顾客的产生。

二、品牌竞争对手调研分析

在商业高度发达的今天，品牌间的竞争越来越激烈，市场上即使是针对同一消费群体、同一风格细分的服装也存在着众多的企业。只有对竞争对手的店铺做详尽周全的调研分析，才能使本品牌的陈列找到独特的诉求点，使品牌形象脱颖而出。

分析调研竞争对手的陈列可从以下几个方面入手：

1. 竞争对手的陈列特色是什么，是否完美地体现了品牌文化，消费者的喜好程度？

2. 竞争对手陈列的不足之处在哪里，哪些是我们可以着重诉求的切入点？

3. 竞争对手陈列的更换频率是多快？是否能保持足够的新鲜度？

第三节　服装陈列设计成功的要点

一、始终以商品为中心

服装陈列的最终目的是为了促进销售，"设计服务于经济"，因此任何陈列设计都要将商品本身作为表达的首要元素，任何装饰都是为了烘托商品。一般的做法是将当季的主推产品放置在醒目位置，并对其进行重点陈列，保证顾客在第一时间里接触到最新的信息；基本款式宜做搭配陈列，以便产生不同的着装效果，吸引不同品位的消费者；过季打折的商品要设置专门的打折区，以免与新品混为一体，也方便价格敏感的顾客群的挑选（图2-8、图2-9）。

图2-8

图2-9

图2-10

二、保持服装陈列氛围与商品品牌风格的一致性

服装陈列设计的氛围要与商品的定位及产品风格相一致，才能够即强化视觉效果又彰显品牌特色。这些氛围的塑造是通过用材、用色、空间布局和音乐等具体元素来共同完成的。低、中、高的服装商品有各自的陈列要求，比如低端的商品，要制造热闹、品种繁多的场景，运用快节奏的背景音乐来激发顾客的情绪，利用琳琅满目的商品来满足消费者的淘宝欲；而高端的商品，特别是一些奢侈品，往往店堂里陈列的物品不多，造成"物以稀为贵"的感觉，相应的背景音乐也节奏缓慢，若有若无。再如正装的陈列设计通常要求简洁高雅，实木、大理石是这类服装陈列的最好用材；而一些有解构元素的服装品牌，往往采用后现代的陈列设计，用材别具一格，原木、外露的钢筋、水泥经常成为此类品牌陈列的形式语言。如图2-10所示为高档女装品牌Simonetta Ravizza的专卖店一

图 2-11

角。店铺采用新艺术风格的卷曲纹样装饰，大到曲线造型铁艺楼梯，小到玻璃上的艺术字体，都在表达着品牌的奢华女性风格。而图2-11所示为陈列塑造的是另一种品牌氛围：衣恋旗下的少女装品牌scat，利用玫红色和白色来打造温馨浪漫的少女闺房的环境，圆形的球状磨砂灯泡、波浪状的装饰图案，给人少女可爱、爱做梦的形象。

三、控制预算资金

　　和任何需要付诸实施的设计一样，陈列设计也要在预算资金范围内来考虑用材、用时和需要耗费的人工等。预算资金＝材料＋人工。并且由于陈列设计涉及的细节众多，任何一项改变都有可能超支，更要严格按照预算来安排。如果是新店开张，制作的时间可以适当地安排长一些；但如果是换季的陈列更换工程，需要设计快速的更换方案，甚至有的品牌仅仅利用晚上打烊的时间来完成陈列的转换。因为服装陈列经常需要更换，因此宜多采用活动的货架和道具，以方便更换。比如轨道灯的设计就可以根据模特的位置变换而调节照射位置和方向，比固定的射灯更灵活好用；再如可以拆卸的多角度组装家具和可调节的货架，通过重新拼装呈现不同的造型，即节省了费用又节约了时间。

本章小结

1．服装陈列由店面、橱窗和店铺陈列组成。

2．服装品牌和消费者分析是进行服装陈列设计的前提。

3．服装陈列应该以商品为中心，保持陈列风格与品牌的一致。

思考题

1．如何准确地分析目标消费群体的喜好和对品牌的期望度？

2．什么因素对陈列达到的效果影响最大？

第三章

服装陈列设计的元素构成

课题名称： 服装陈列设计的元素构成

课题内容： 服装陈列设计的构成形式、空间的尺度与布局、色彩的组合与格调、材质的搭配与影响、灯光的氛围与烘托、展具的设计与选择。

课题时间： 16课时

教学目的： 使学生了解并掌握服装陈列的设计元素，并能较为熟悉的运用。

教学方式： 理论讲解与课堂练习。

本章重点： 1. 陈列的构成形式所体现的不同效果。

        2. 陈列的空间区分与设计。

        3. 陈列的色彩设计。

        4. 陈列的材质设计。

        5. 陈列的灯光设计。

        6. 陈列的展具设计。

课前（后）准备： 学生查找资料，进行目标服装品牌陈列设计的初步规划，寻找设计元素。

第一节　服装陈列设计的构成形式

服装陈列的构成形式即陈列元素的安排形式，指所有陈列元素按照怎样的结构组织进行排列安放。通过不同的构成形式，使橱窗陈列或店铺呈现出平和、柔美、动感、稳重或高贵的视觉印象。

一、水平构成

水平构成给人以安定平静、放松的感觉，适合于表现休闲服、睡衣等商品。水平构成的元素有很多，如平躺的模特架、长型沙发、低矮的篱笆、横向排列的展具等。人的眼球左右移动的速度快于上下移动的速度，因此水平构成的视野范围较宽，浏览速度快，可以看到更多的商品内容（图3-1、图3-2）。

二、垂直构成

垂直构成给人高贵、尊严、挺拔、有力、紧张等感受，适合于表现经典、高贵的服饰如礼服等。垂直构成通过站立型人台、竖立的展具如树干、建筑模型、纵向堆积的展具等来体现。垂直构成的浏览速度慢，视线会作短暂的停留，可以看到更多的商品细节（图3-3、图3-4）。

图3-1

图3-2

图 3-3

图 3-4

三、斜线构成

具有动感，引人注目。斜线构成可以运用斜向排列的装饰元素、递减或递增的商品数量来达到。需要注意的是，在一个店铺陈列中，斜线构成不宜运用太多，以免造成整体陈列的不稳定感（图3-5、图3-6）。

四、三角构成

三角构成不像水平构成那样呆板，又不像斜线构成那样不稳定，既错落有致，又有视觉的稳定感，是服装陈列中最常使用的构成形式。三角构成可以借助商品的大小排列或者用道具来制造高低错落的感觉（图3-7、图3-8）。

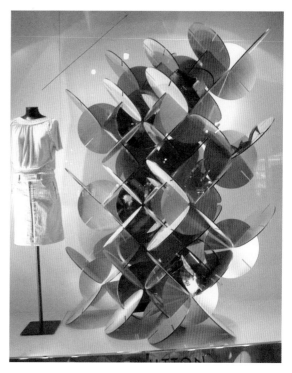

图 3-5

图 3-6

图 3-7

图 3-8

图 3-9

图 3-10

五、放射构成

放射构成给人开放、扩张、欢快的感受，具有动感，常用于运动服装和童装等的展示（图3-9、图3-10）。

六、圆形构成

商品圆形、半圆形的排列，给人饱满、富足的感觉，可以缓解垂直元素过多而产生的紧张感；也有天真活泼的效果（图3-11）。图3-12所示为意大利著名建筑设计师Fabio Novembre设计的Alviero Martini米兰概念店。整个店堂中心以圆形的白色货架环绕，呈现一种奇幻、时尚、新潮的感觉。

七、曲线构成

曲线构成打造女性、优雅、魅力、柔软流畅的感受，富有动感。曲线构成可以通过波浪状装饰线、流线特征的形体来打造（图3-13）。图3-14所示为位于欧德堡的Leffers商店的橱窗陈列。它将服饰商品像食品一样放置在回转寿司的运输带上，显得生动而有趣。

图 3-11

图 3-12

图 3-13

图 3-14

图 3-15

图 3-16

八、旋转构成

　　旋转构成因其螺旋形的构造，变化丰富，动感十足，使视觉效果显得有趣而生动。如配以良好的灯光设计，能给人以想象的空间（图 3-15、图 3-16）。

　　值得注意的是，一般橱窗陈列的构成与店铺的构成形式要统一，才能使品牌形象鲜明。即使橱窗因换季而改变陈列主题，所采用的元素也要尽可能符合店铺的总体风格。

第二节　空间的尺度与布局

一、陈列空间

　　任何陈列都是在一定的空间里完成的，如何在有限的空间里进行更合理地布局，是所有陈列师必须考虑的问题。

　　陈列空间分为室外空间和室内空间，室外空间因为建筑物的结构一般不允许调整，很难有大的改动，主要设计点在于橱窗的形状、开门的造型、店名文字的位置、大小以及招牌的形状和装置方式的设计安排。人们主要通过店面的特征来区别商店的不同形象，店面的创意设计直接关系到服装店给人的风格印象。室内空间是陈列设计得以充分发挥的地方，在不改变建筑结构的前提下，设计师可以根据需要利用吊顶、地台、隔断等造型的变化，来变幻出千变万化的陈列空间。如图3-17所示为法国皮革箱包品牌Longchamp在纽约SOHO区的专卖店，将通往二楼的楼梯设计成波浪形，楼梯下方成为箱包陈列的空间，视觉效果非常新奇。另外，欧美常见的LOFT式建筑空间宽阔，能够最大限度地发挥设计师的创造能力，将陈列空间打造得错落有致（图3-18～图3-21）。

　　室内空间又分固定空间和变化空间，或实体空间和虚拟空

图3-17

图 3-18

图 3-19

图 3-20

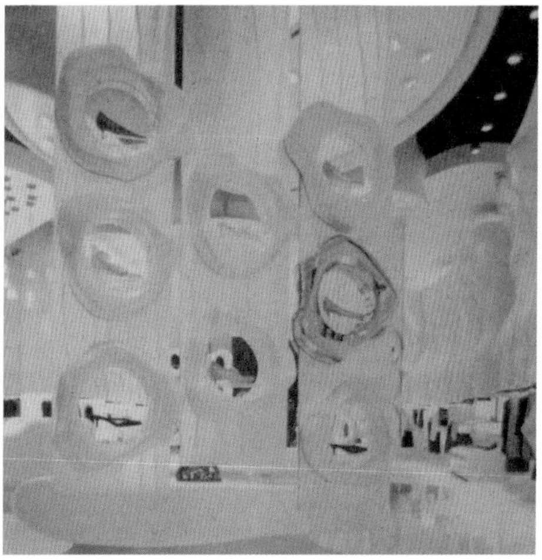

图 3-21

间（心理空间）。

固定空间是指短期内不能改变的空间，如店铺的整体面积、已装修好的墙面、吊顶、固定货架等形成的空间，短期内无法移动或改变。固定空间在某些情况下并不是一成不变的，比如说已装修好的吊顶，可以利用悬挂布幔等装饰物来达到空间形状和大小的改变（图3-22、图3-23）。

变化空间是指可以根据需要随意变化的空间布局，如可移动的货架和道具形成空间的变化。变化空间是陈列设计的重点，产品的

图 3-22

图 3-23

图 3-24

图 3-25

换季往往利用变化空间来达到新的视觉效果（图3-24、图3-25）。

实体空间是指有具体隔断物围绕成的空间形式，相对于虚拟空间来说，实体空间更封闭，具有明确的界限。如销售场所的试衣室、收银台等。实体空间可用墙体、隔断、固定家具等元素来造就（图3-26、图3-27）。

虚拟空间指的是没有十分完备的隔离形态，缺乏较强的限定度，只靠部分形体的指示性作用，依靠感觉和联想来划定的空间。它存在于整体空间中，与整体空间流通但又具有一定的独立性。虚拟空间可借助装饰风格、照明、色彩、用材等的改变及改变标高等因素来达到，比如用不同的环境色彩设计来区分不同的销售区域；又如改变顶棚或墙壁的形状来造成虚拟区域。如图3-28所示，仅用一幅地毯，就为中岛的人台塑造了一个虚拟空间，虽然没有隔断，一般人不会轻易地接近人台。再如图3-29所示，用悬挂的扇子将陈列空间分为内外两部分，扇子周围并没有墙，但人的心理自然而然将人台模特的区域和内部的销售空间一分为二。图3-30所示为利用棚顶垂下的装饰物打造虚拟空间。

图 3-26

图 3-27

图 3-28

二、空间尺度

空间的尺度指的是陈列空间的大小、道具的尺寸等要素，它包含了陈列空间里一切物体的尺寸，大到整体店铺的面积、层高、门窗的比例，小到单独的货架、格子的大小，都要缜密考虑，合理安排，并严格按照人体工程学来设置。

图 3-29

陈列的空间尺度设计要考虑三个因素：

（1）局部的比例要考虑销售场所整体的空间布局，做到相互协调、合理安排。

（2）货架的尺寸规格要符合服饰商品的大小比例，陈列的空间要有大小高低之分，以适应不同的服饰商品摆放，如长大衣、短夹克、鞋包、领带的货柜的规格肯定不一样。

（3）陈列品的大小设置要充分考虑人体工程学、消费者的活动特点、符合人们的行为方式。如按照我国的人体身高标准平均值为男性169.5厘米，女性158.6厘米来算，视高在151～162厘米左右，服饰品合理的有效陈列空间为70～180厘米之间，以方便顾客拿取商品（图3-31）。

图 3-30

图 3-31

图 3-32

三、空间布局

空间布局是指对橱窗道具位置或店铺格局及流通线路的合理安排,力求达到销售空间的优化组合,使商品陈列富有层次、视觉效果美观舒适、购物氛围更加浓郁。顾客在店铺中的活动路径是空间布局的首要考虑条件。

空间布局又分为平面空间布局和立面空间布局。

1. 平面空间的形式构成

平面空间涉及的是所有陈列元素的具体位置和通路流向。平面空间首先按顾客通路分有单向空间构成和双向空间构成,单向空间一般只有一个开口,双向空间则有两个以上的开口。平面空间的布局应引导顾客有序地完成一次观看循环。布局元素涉及中岛、边柜、隔断、展示人台、试衣间、收银台等具体位置和大小,通过对这些元素的规划安排,保证顾客能接收到全面完整的信息(图3-32、图3-33)。

图 3-33

图 3-34

图 3-35

2. 立面空间的形式构成

立面空间体现所有展具的高度尺寸和结构特征，涉及具体的地台、顶棚高度、边柜立面尺寸、展柜内部高度分割等。通过对这些立面尺寸的合理安排，使展具空间更适合不同的服装商品要求（图 3-34、图 3-35）。

第三节　色彩的组合与格调

图 3-36

色彩在陈列的要素里占有无可比拟的重要地位。人们总是首先被色彩吸引，然后再注意到款式、面料和价格。好的陈列色彩设计可以弥补诸如陈列空间狭小、专柜位置不理想等缺陷；理想的产品色系安排可以提高商品的档次；成功的环境色彩设计可以起到优化商品的作用。利用色彩的对比或调和作用，通过商品之间、商品和背景之间的映衬，使商品呈现更好的视觉效果（图 3-36、图 3-37）。同时，陈列商品的环境色彩氛围，

图 3-37

也会对消费者心理造成影响，能够最大限度地感染顾客的情绪。比如美国的休闲品牌GAP，每季都会随商品的流行色改变他们所有专卖店和专柜的陈列色彩，尽管店内的装修风格并没有很大的变化，但新的色彩变动还是不断给消费者带来欣喜，也是节约装修成本和时间的好方法。

一、陈列色彩的基本原理

1. 色彩三要素

任何一个色彩都同时具有色相、明度、纯度三种属性，正是这三种属性的变化带来了丰富的色彩现象。

色相指色彩呈现的面貌，是因为可见光的波长决定的。不同的波长导致了红、橙、黄、绿、青、蓝、紫等色彩，在这七个基本的色彩之间存在着无数微妙的过渡色彩。物体的颜色是由光源的光谱和物体表面的反射光共同决定的。色相是导致陈列视觉效果体现冷、暖感的重要因素。

明度指色彩的明暗程度，黑白是明度的两个极端，中间存在多级别的灰色。高明度的色彩设计体现出明快、优雅、亲切的视觉效果；低明度的色彩设计带给人庄重、另类、神秘的感觉。

纯度指色彩的鲜艳程度，或者说饱和度。纯色的色感强，给人的刺激强烈，能够在瞬间吸引人的注意力；低纯度的色彩组合含蓄、平和，容易相互协调。

色相、明度、纯度的变化可以给人以不同的心理感觉。

由色相、明度、纯度三要素可以排列围绕成色立体，现在设计中常用到的是蒙赛尔色立体和奥斯特华德色立体。两者的构成原理是一样的，只是色阶的划分标准有所不同。由于色立体中各个色彩是按秩序排列的，并有各自的标号，因此可以为陈列规范化实施过程中的使用标准（图3-38）。

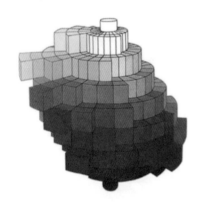

图3-38

2. 色彩组合造成的视觉心理

如前所述，不同的色相、明度、纯度会给人带来不同的心理效应。独立的色彩之间如何相互组合搭配，所造成的感觉也千变万化。一般来说，纯度高的暖色调给人喜庆、振奋的感觉，并具有前进和膨胀感（图3-39）。因此，过于窄小的展

图3-39

图 3-40   图 3-41

示面积不适合用大量的暖色来装饰；中明度中低纯度的色彩
给人稳重、大方、具有亲和力的感觉（图 3-40）。而高明度、
低纯度的色彩体现出女性、优雅的味道，因此许多女装品牌
都会用这种色彩组合来进行店铺的色彩安排（图 3-41）。当
然，任何的陈列都不是由单一的色彩完成的，高纯度的色彩
相互较难搭配，而低纯度的色彩，即使色相差别极大，也能
轻易地协调在一起。设计师既要考虑陈列环境色彩的对比统
一，又要考虑到环境色与陈列商品之间的色彩协调，还要综
合当季陈列的主题来考虑。

图 3-42

3. 陈列色彩的基本构成

环境色和商品色：陈列色彩主要由环境色和商品色两方
面组成。环境色由上而下依次为：顶棚、墙面、货柜（架）、
地台、地面。环境色是基本色，对整个陈列色调起主导作用，
会对商品的色彩起强调或减弱作用，甚至会改变商品的色彩
视觉效果。

整体色和局部色的对比统一：在一个服装陈列设计中，
各种色彩相互作用于同一空间中，整体色和局部色的和谐与
对比是最根本的关系，如何恰如其分地处理这种关系是创造
展示色彩空间的关键。如白色的衣物用浅灰色背景衬映，会
使白色衣物更白；而衬以纯白色的背景，白色衣服就会呈
现出乳白、米白的视觉效果，与背景若即若离（图 3-42、
图 3-43）。

正如凡·高所说的："没有不好的颜色，只有不好的搭配。"

图 3-43

通常，色彩三要素中的任何两个要素的相同或近似都能使色彩组合产生统一协调的效果，而三者都反差大的色彩配置被认为是对比的。一般情况下，要求环境色的色相与商品不能有太大的对比，而在明度上拉开距离，以更好地衬托商品。但也不是一概而论，某些高档品牌经常采用环境色与商品明度非常接近的色彩设计，来提升品牌的档次。

二、陈列色彩设计的要点

1. 光照色的影响

适当的彩色灯光的运用能协调光照陈列区域的色调关系，或使色彩氛围得到强化，橱窗的设计中就经常用光照来烘托气氛。然而值得注意的是，光照能改变商品本身的色彩，尤其是对色彩非常重要的服饰产品，有色光照的设计不能不注意，特别是店铺陈列区域，以免影响顾客的选购（图3-44、图3-45）。如低电压卤射灯会使被照物体发白偏紫，军绿色的服装在射灯下就变成了咖啡色；表3-1是碘钨灯色光照射下部分物体色彩的变化。

2. 商品的色系排列

在服装陈列中，商品按色系排列是一个非常重要的手段。色系排列就是将服装商品以色相为基础进行分类，这样能使

图3-44

图3-45

表 3-1

物体色	光　色			
	红	黄	蓝	绿
白	明亮桃色	明亮黄色	明亮蓝色	明亮绿色
黑	酱紫色	暗橙色	墨蓝色	墨绿色
鲜蓝	紫罗兰	偏红的蓝	纯蓝色	蓝绿色
深蓝	深紫色	偏暖的绿	亮蓝色	暗蓝绿
鲜绿	橄榄绿	黄绿色	蓝绿色	亮绿色
明黄	红橙色	亮橙色	褐色色	嫩绿色
大红	大红色	亮红色	红紫色	暗橘红
茶色	红褐色	苔绿色	深褐色	暗茶绿
玫红	大红	大红	紫色	深褐色

视觉分为若干个小区域，方便顾客的挑选。因为服装款式众多，色彩多样，良好的色系组织安排，是使商品显得富有秩序感和档次的方法（图3-46、图3-47）。如图3-48所示为彩虹排列法，按照色相的渐变来排列商品，使人视觉非常舒适，现在不少男装品牌都采用这种色彩排列法。

色系排列通常的做法是按照商品的色相来进行归类，在色相由暖到冷或由冷到暖的渐次排列基础上，再按照明度或纯度进行排列组合。为避免整体色彩组织过于调和而导致沉闷、缺乏亮点，需要在几组明度或纯度差不多的色系安排之间插入几个亮色，来达到增加生动感和活跃气氛的效果；而大量色彩绚丽的花色衣服中，往往安排几件单色服装来起到稳定、中和的作用（图3-49、图3-50）。

色系的安排不宜机械，那种左边冷色右边暖色分得十分清晰的做法并不是理想的陈列方式。较为合理的色系排列应该是冷暖色的比例约为3∶7，并且间隔排列，才能产生节奏感，不断引起消费者的欣喜。因此，陈列色彩的整合是一件非常需要时间的工作（图3-51）。

3. 色彩的季节效应

服饰商品是季节性很强的商品，服饰色彩随季节更替而变化是一个惯例，而陈列色彩随之进行相应的调整是一个必

图 3-46

图 3-47

图 3-48

图 3-51

图 3-49

图 3-52

图 3-50

需注意的考虑因素。大多商家会因季节或节日的不同有针对性地调整陈列面的色彩组织，而这种调整又必须与品牌该季的主题相呼应。一般来说，夏季由于气候炎热，商品展示的环境色彩设计以高明度冷色调为主，一方面给人凉快的心理感受，另一方面也能够更好地衬托出绚丽多彩的夏装颜色；而冬季既可以选用暖色来制造温暖热烈的气氛，也可以用白色来打造一个美丽的冰雪世界（图 3-52～图 3-55）。

图 3-53

图 3-54

第四节　材质的搭配与影响

陈列面采用不同的材质可以塑造不同的视觉触觉效果。以往的装饰材料品种较少，通常从建筑材料里选择。近年来，国际上相当重视装饰材料的研发，新型材料的品种和工艺更新越来越快，钙塑板铝型材、高密度苯板、特种玻璃、工程塑材等不断出现，展示效果不断得到改善和提高。

图 3-55

一、木材

木材材质轻，有较强的弹性和韧性。木材拥有天然的纹理，不同的木材纹路差别很大，如榉木的温润雅致、雀眼的繁复华丽、黑胡桃木的沉稳大气。木材具有良好的柔和温暖的视觉和触觉效果，处理得当的木材表面显现高贵典雅的气质，通常用来打造经典氛围的销售空间，如男正装，多考虑使用木材作为构筑和面饰材料。木材的耐磨损性能不高，因此不太适合作为人流量较大的零售店地板用材，现在多采用耐磨损性能较高的强化地板来代替（图3-56～图3-58）。

图 3-56

图 3-57

图 3-58

图 3-59

二、金属

金属表面具有光泽，质感冰冷沉重，是较能够体现现代感的材料。金属的可塑性很强，通过镜面、拉丝、抛光、磨砂或氧化等工艺，体现或华丽或工业化的感觉（图 3-59 ~ 图 3-61）。

三、玻璃

玻璃品种繁多，从最普通的平板玻璃、夹胶玻璃到有特殊性能的钢化玻璃、中空玻璃，图膜玻璃等，都是陈列的材料。由于其透明的性质，最适合与灯光结合打造梦幻的效果。近年来冰裂玻璃、玻璃锦砖等装饰玻璃的流行，给服装陈列带来了更大的设计空间（图 3-62、图 3-63）。如日本青山的爱玛仕旗舰店和 Levi's 的旗舰店（图 3-64），四周

图 3-60

图 3-61

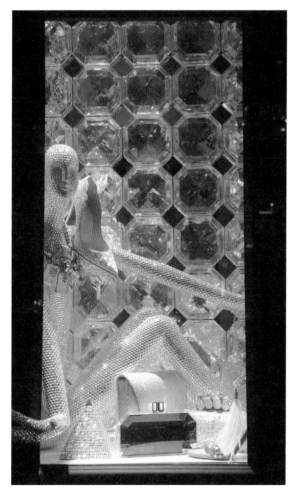

图 3-62

图 3-63

图 3-64

图 3-65

图 3-66

墙体都采用玻璃砌造，晶莹通透，特别是夜色中，配以绚烂的灯光，更显光彩夺目。

四、石材

石材具有力量感，分人造和天然两大类。饰面石材的装饰功能主要通过石材的颜色、花纹、光泽及质地表现出来。通过抛光或打毛等工艺的不同，可以造就富丽堂皇或质朴的效果。石材的缺点是价格较高，一般档次的品牌不是很适合（图 3-65 ~ 图 3-67）。

五、饰砖

饰砖分墙砖和地砖两类，根据材料及烧制工艺的不同，又分为陶砖和瓷砖。饰砖表面有釉，易于清洁，可以根据需要烧制不同的图案和肌理，是非常好的装饰材料。陈列场所的地砖要特别注意防滑性（图 3-68 ~ 图 3-70）。

六、PVC 和塑料

PVC 和塑料有质感轻、色彩鲜艳、成型工艺简便、抗腐蚀性等特点。用塑料打造的陈列效果轻盈、活泼，富有

图 3-67

图 3-68

强烈的时代感或童趣味，非常适合童装店铺的陈列（图3-71、图3-72）。图3-73所示为日本青年建筑设计师Makoto Tanijiri为Diesel东京未来概念店设计的陈列。整个陈列面采用PVC管道搭建成复杂多变的树林的样子，充斥着整个陈列空间，搭配以黑色的屋顶，照明采用顶光，投射到白色PVC管上，产生反光，使成列奇幻莫测的视觉效果。这个陈列设计用材造价不高，易处理，又具有工业感。

图 3-69

图 3-70

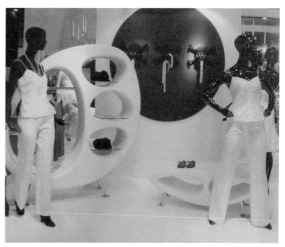

图 3-71

图 3-72

图 3-73

七、装饰面料

装饰面料有天然纤维、皮革和人造纤维装饰布。从窗帘到地毯，从吊顶布幔到家具软包，装饰面料的用途可谓广泛。丰富的色彩，温暖的质地，多变的图案可以增添整个展示中柔性的一面。装饰面料换取方便，可以快速地改变陈列的格调，比如在光滑的瓷砖上，铺上毛绒绒的地毯或毛皮，改变了地面冰冷坚硬的效果，整个格调立刻变得温馨起来（图3-74）。图3-75所示为Gucci专卖店，墙面采用皮革软包的方式处理，非常温馨，很好地映衬了当季的服装和皮具的主题。

八、纸类

纸类的形态多样、材质丰富、便宜、易加工处理，是陈列装饰的好材料。纸类适合做成各种造型的装饰物，如灯罩、装饰地台等。现代高密度的复合纸类的强度已能与

图3-74

图3-75

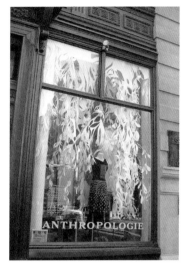

图 3-76　　　　　　　　　　　　　　　　　　　　　　　　　　　　　　　图 3-77

木材相比。国外经常可见纸的各种陈列装饰，视觉效果颇为
优美（图 3-76、图 3-77）。

第五节　灯光的氛围与烘托

一、光和光源

　　任何成功的陈列都少不了对光的合理运用。设计师应掌握
不同灯具所产生的光的强度、形状、色彩及照射效果，熟练
运用光影打造空间层次、虚实烘托，使产品更加悦目。在进
行陈列的灯光设计时，要清楚以下基本概念：

　　（1）照度（E）：指照明的亮度，以被照面上单位面积接
受光通量的密度为测试目标，符号为 E。照度越高，被照环
境越明亮，然而过高的照度会导致炫目的感觉，使人不舒服，
并使被照物体失去立体感，所以照度并不是越高越好。

　　（2）色表：指照明光本身发出的色彩。如高压汞灯色表很
高，为白亮的光；钠灯灯光很黄，色表不理想，一般只用于
照射店面建筑的外立面，使产生华丽或古朴的视觉效果。

　　（3）显色性：光源对物体的显色能力称为显色性。光谱组

成较广的光源可能提供较佳的显色品质。当光源光谱中很少或缺乏物体在基准光源下所反射的主波时，会使被照物体颜色产生明显的色差。白炽灯的显色性较为理想，被定义为基准光源数100。显色指数用Ra表示，Ra值越大，光源的显色性越好。

（4）色温（K）：光源发射光的颜色与黑体在某一温度下辐射光色相同时，黑体的温度称为该光源的色温❶。光色越偏蓝，色温越高；偏红则色温越低。一般K<3300时为暖色光，K>3300时为冷色光，K>6000的时候几乎为白光。白炽灯色温较低，能形成温馨愉快的氛围，但销售场所如果仅用白炽灯照明，就会使人产生昏昏欲睡的感觉，使商店气氛变得沉闷；而仅用荧光灯照明又会使陈列商品显得平板，面料质感不佳，缺乏生气，因此需要多种色温的灯具搭配使用。

（5）眩光：是由于光线的亮度太大或者灯具的角度不适两种形式所产生的刺眼效应，分为直射眩光和反射眩光。直射眩光是指光源所发出的光线直接射入人眼；反射眩光指在具有光泽的墙面、桌子、镜子等物面上反射的光刺入人眼。强烈的眩光会使陈列区光线不和谐，使人看不清物品，严重时会觉得昏眩，甚至短暂失明（图3-78）。

图3-78

---

❶ 白光LED色温知识［J/OL］.半导体照明网，［2009-7-21］. http://lights.ofweek.com/2009-07./ART-220013-8300-28416858.html.

图 3-79

常见的照明光源有三大类：

（1）自然采光：指完全采用自然光照明的方式，通常采用透明顶棚、宽大的落地玻璃窗来达到这一效果。自然采光节约能源、光照均匀、不易使商品颜色失真，但受时间与空间的限制性大，稳定性差。另外，在需要强调突出某陈列品时，自然采光就没有办法做到了。现在的销售终端，除了非常低档的小店铺，没有完全采用自然光照明的（图3-79）。

（2）人工采光：采用各种灯具作为光源的照明方式。在商场中的专柜，因为没有自然光，都采用这种照明。人工采光可以根据需要调节光源的角度、强度和色彩，可以塑造强烈的色彩氛围，还可以进行集中照明。

人工采光的光源有：荧光灯、白炽灯、碘钨灯、高压汞灯、钠灯、低压卤素灯、冷光灯、霓虹灯等。由于各种光源光谱的不同，显色性也不一样，有的会对陈列品造成很大的色差，如钠灯会使被照物体发暗、发灰。在进行陈列的灯光设计时，要充分考虑这些因素。

（3）人工、自然混合采光：指部分借助于自然光，部分使用人工光源的照明设计。一般有独立店面的销售终端都采用这种照明方式。混合采光既可以节约能源，控制色彩的失真，又可以做到强化照明，突出商品。

图 3-80

图 3-81

图 3-82

二、照明灯具

1. 灯具的种类

灯具的种类繁多，如性能、瓦数、形状、颜色等，有几万种之多。陈列设计师要了解基本陈列用灯具的性能和特点，并不断收集新的品种信息。

（1）按灯具的安装方式来分，可分为：吸顶灯、吊灯、角灯、壁灯、台灯、立式落地灯、地灯等。

（2）按灯具的品种来分，可分为：荧光灯、白炽灯、碘钨灯、高压汞灯、发光二极管灯（LED）、钠灯、分色涂膜镜灯、低压卤素灯、冷光灯、霓虹灯等。

（3）按灯具的照明方式来分，可分为：筒灯、射灯、轨道灯、灯带、吊灯等。

2. 灯具的选择

选择灯具的大小和种类要根据陈列面的空间和要到达的陈列效果来决定。比如水晶枝形吊灯只适合在吊顶非常高的、中空的建筑结构中使用（图3-80）。

（1）筒灯：一般口径较小、外观简洁，适合嵌入天花板，其存在不易被人注意到。现在也有直接把筒灯悬挂下来，照在物体上的后现代主义装饰手法。筒灯可使整体空间获得平均的亮度。因为筒灯的安装需要在天花板上预留安装孔，一旦打孔后很难再修改，所以在开口前一定要考虑好照射位置、眩光等多种因素（图3-81、图3-82）。

（2）吊灯：用绳带或金属链悬挂照明的灯具。吊灯的最大作用是装饰效果，增加陈列空间的趣味性。吊灯的风格要与陈列整体风格相协调。经典奢华的陈列空间可以使用洛可可风格的水晶枝型吊灯；低调古朴的陈列设计，纸制或木制的外形简洁的吊灯是较好的选择；钢铁的吊灯更适合现代、后现代的陈列氛围。吊灯的长度是一个重要的设计点。在顾客通道中的吊灯，高度需要距离地面2.5米以上，并视灯具的大小和陈列空间的大小调整高度；而在顾客不能走到的低台陈列上方，可以将吊灯超低悬挂于商品上方，以强调突出商品（图3-83~图3-85）。

（3）吸顶灯：在陈列空间层高不够的情况下，一般采用吸顶灯来进行装饰照明。吸顶灯的装饰作用也大于照明作用。因为售价普遍低于吊灯，因此也是比较经济的选择。但层高很高的建筑，吸顶灯就没有用武之地了（图3-86）。

（4）格栅灯：因为装有反光板，格栅灯能取得更好的照度，照明效果敞亮。但是因为格栅灯给人感觉缺乏档次，一般大型商场里都已经不采用这种灯具进行照明而改用筒灯（图3-87）。

（5）射灯：射灯是强化照明不可或缺的灯具。射灯的种类多样，光的散射和光的强度也不一样。特别是聚光性能好的灯

图3-83

图3-84

图3-85

图3-86

图 3-87

图 3-88

图 3-89

图 3-90

图 3-91

具，即使是较低的瓦数也能使局部得到相当高的照度。射灯的安装方式有直接式、轨道式、软管式、夹接式等，后三种具有更大的灵活性，可以根据展品的位置而调节位置。射灯的照度很强，一定要调节好照明的方向，以免产生眩光。另外，因为射灯自身的辐射很高，安装时一定要注意安全，防止过热而产生火灾和因照明热度引起的商品变形、变色（图 3-88～图 3-91）。

（6）壁灯：因陈列空间的立面大多用来陈列商品和张贴海报，所以在家庭装修中经常使用到的壁灯，在商场陈列中反而很少用到，一般只在试衣区域安装。壁灯的安装需要考虑的是高度，尽量采用照度不太高的灯具，以免对顾客的眼睛产生刺激。（图 3-92）另外，由于现在国内大多数品牌服装都是店中店或者边厅的模式，为了吸引顾客的注意，采用壁贴式照明来凸显品牌名成为常用的手段，或者将品牌名本身就

图 3-92

图 3-93

图 3-94

图 3-95

做成发光的灯具（图 3-93、图 3-94）。

（7）槽灯和灯檐照明：槽灯和灯檐照明是在天花板和墙壁连处采用内置光源，均匀照亮墙面或天花板的照明方式。槽灯和灯檐照明有扩展视觉空间和强调天花板轮廓的作用，造成立体的空间效果（图 3-95 ~ 图 3-97）。

（8）霓虹灯：霓虹灯的最大作用是装饰而不是照明。原来霓虹灯只用于室外招揽顾

图 3-96

图 3-97

图 3-98

客，当越来越多的店中店和边厅出现后，室内的陈列也用上了霓虹灯。闪烁变幻的灯光能为陈列增色不少。因为霓虹灯的视觉效果比较动感活跃，因此不适合沉稳、质朴风格的服装，多用于童装和风格轻松的青年服装陈列（图 3-98、图 3-99）。

三、照明方式

照明方式分整体照明和局部照明。

整体照明也称基础照明，它的作用一般是使商品及销售通道可见。通常采用泛光或间接照明的形式，主要通过安装在天花板上的筒灯、槽灯或吊灯来照明，也可根据场地，借助自然光。为了突出商品的照明效果，整体照明的照度不宜太强，可以根据陈列主题进行调整（图 3-100）。

局部照明是指对某一个销售区域的强调照明，利用灯光来打造销售区域，或为强调突出商品而进行的集中照明。局部照明能使陈列环境产生明暗对比，富有戏剧性效果，使

图 3-99

图 3-100

被陈列商品更加立体。商品陈列中的局部照明一般用落地台灯、灯带、射灯来达到效果。局部照明又分为直接照明、间接照明、半直接与间接照明和装饰照明多种（图3-101、图3-102）。

（1）直接照明：直接照明是最普通的一种照明方式，大多采用顶部或侧顶照明方式，将光源直接投射到展示工作面。直接照明照度好，遮挡性小，缺点是易产生眩光，照明区与非照明区亮度对比强烈。重点陈列的商品，要求物体的立体感强烈，采用设在陈列物体上方的射灯集中照明，这种照明照射范围小，光线强烈，照射角度保持在30°左右，以侧光来突出物体的立体效果。

（2）间接照明：间接照明灯光不直接照射在物体上，而是一般利用反射光槽，使光线通过折射或漫射的方式投射出来。间接照明的特点是光线均匀、柔和、层次感强、无眩光，用来创造环境气氛和一般性照明（图3-103、图3-104）。

（3）装饰照明：在展示和陈列中不起照

图 3-101

图 3-102

图 3-103

图 3-104

亮功能，主要起美化装饰作用，烘托气氛。常见的有背投照明、霓虹灯、灯箱、地灯等。装饰照明要注意照明的灯光不能太强，以免看不清前面（上面）的物体（图3-105～图3-108）。

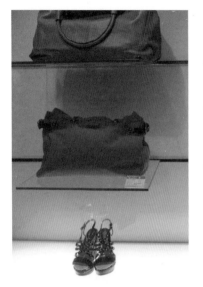

图3-105

图3-106

图3-107

图3-108

图 3-109

图 3-110

四、陈列照明设计原则

陈列照明设计的目的，首先是满足消费者观看陈列商品的要求，提供舒适的视觉环境，保证陈列品有足够的亮度、观赏清晰度和合理的观看角度；其次是确保供电系统和商品的安全，避免灯光对顾客的眼睛造成损伤及对陈列商品造成损坏；最后是运用照明手段，渲染陈列气氛，创造特定的商品氛围，比如低照度的色光可以使橱窗陈列显得神秘浪漫（图3-109～图3-113）。

陈列照明的基本原理：

（1）商品陈列区域的光照应比观众所在区域的照度高。

（2）不同展示区的灯光设计应该层次分明，巧妙利用灯光来打造富有层次的空间。

（3）光源尽可能不裸露，注意光照的角度，避免出现眩光（图3-114、图3-115）。

（4）不同的展品应选用不同的光源和光

图 3-111

图 3-112

图 3-113

图 3-114

图 3-115

　　色，避免影响展品的固有色彩。

　　（5）照明灯具的安装应该方便更换灯泡。

　　（6）最大限度减少光照对贵重或易损商品的损伤。

　　（7）照明设计应注意防火、防爆、防触电及通风散热。

第六节　展具的设计与选择

　　展具是商品陈列中所有实用性、装饰性家具道具的总称，包括货架、人台模特、柜台、衣架、布幔、装饰性家具，等等。国外由于商业陈列起步得较早，展具产业已经发展得相当成熟，在德国科隆就有每年举行的Euroshop国际商店设备展。

　　好的展示道具能够衬托商品，提升品牌档次，还能更大限度地吸引消费者（图3-116、图3-117）。如某品牌风雨衣的陈列，使用了淋浴的喷头向穿在人台上的雨衣不断地淋水，一方面吸引了大多数的消费者的注目，另一方面也使产品"滴水不透"的性能得到了很好的证实。

　　展具的选择要与陈列风格紧密结合，以便更好地诠释品牌文化。图3-118、图3-119所示为杭州知名品牌江南布衣及旗下的LESS品牌，走的是个性解构路线，它们的宗旨不仅是服装品牌，还代表着生活方式和设计。其陈列采用简洁而厚重的钢管加钢丝的挂架，既是服装主要的陈列道具，同时也是店铺最重要的视觉要素，将整个店堂打造得独特、个性、概念，与其品牌定位和产品风格相得益彰。后来很多走个性路

图3-116

图3-117

图 3-118

图 3-119

图 3-120

线的品牌都喜欢使用这类道具（图 3-120）。图 3-121 所示为经典牛仔品牌 Levi's 的展具，它将品牌 Logo 制作在衣钩上，货架的端头也制作成牛仔裤的金属扣的样子，使顾客一走进店铺就沉浸在牛仔品牌的氛围里。再如图 3-122 所示为意大利时尚女装 D-HARR，2010 年引进中国。它的品牌主题路线一直贯彻的是复古和骑士精神，因此，店铺陈列也遵循了这一理念。道具采用各种斑驳的铁百叶、故意做得破旧的凳子、原木色的箱子、古旧的披肩和小木盒等，从方方面面诠释了品牌理念和品牌特征。图 3-123 所示为纽约 NIKE 旗舰店的陈列，采用叠放的篮球作为模特的底台，显得新鲜而富有创意。

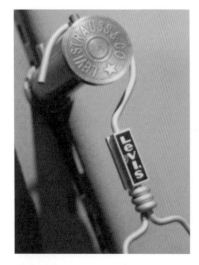

图 3-121

图 3-122

图 3-123

图 3-124

展具有很多品种，服装陈列用到的道具主要有：

一、货架

主要包括橱柜型货架、展台型货架、支架型货架等品种。

橱柜型货架：通常放置在店铺的四周，靠墙而立，或者是将墙体改造而成。目前非常流行用橱柜型货架做形象墙，如图3-124所示为著名运动休闲品牌Y-3的形象墙，它采用哑光不锈钢和镜面不锈钢交替组合成凹凸型具有构成感的橱柜型货架，正对店铺入口，非常吸引人的目光。橱柜型货架因其整体感和体量感较强、视线较高，容易被远处的顾客看见，是陈列中的重点，一般用来摆放当季新品和需要重点展示的商品。用隔板隔成若干个陈列区域，分别放置或悬挂不同类别的商品和搭配的产品，也有在橱柜型货架中放置半身人台的设计（图3-125～图3-127）。

在店内较宽阔空间处或靠墙，可以单独放置展台型货架或支架型货架。

展台型货架：是低视线陈列设计，一般有

图 3-125

图 3-126

055

图 3-127

高矮两段式组合，可以自由移动和组合。按材质分有木头、钢铁、塑料和玻璃面等。展台型货架用来摆放平铺的商品和折叠陈列的商品，一些搭配的服饰品也可以放在上面（图3-128～图3-132）。

支架型货架有两种形式，一种独立摆放在店铺地面上（图3-133～图3-136），另一种用螺丝固定在墙面上（图3-137～图3-142）。

图 3-128

图 3-129

图 3-130

图 3-131

图 3-132

图 3-133

图 3-134

图 3-135

图 3-136

图 3-137

图 3-140

图 3-138

图 3-139

图 3-141

图 3-142

图 3-143　　　　　　　　　　　　　　　　　　　　　　　　　图 3-144

支架型货架的特点是四周通透，从任何一个方向都可以看见架上货品，也有顶部做成平面的支架型货架，用来摆放一些折叠出样的服装和服饰品。支架型货架上的商品做悬挂陈列，一般按产品的类别和色系进行挂放。

服装商品在货架上的摆放方式有叠放和挂样两种，用来挂样的货架要特别考虑尺度问题，既便于消费者翻看，又不能使商品拖在地上。

地板到商品的距离应该控制在：

单独短上衣：20~30厘米；连衣裙和长风衣：40~50厘米；长裤：20厘米左右（图3-143、图3-144）。

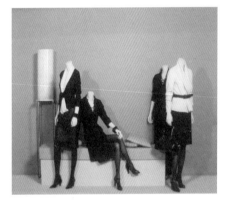

图 3-145

二、人台模特

人台模特的品种非常多，无论是尺寸、造型、表情、姿态，等等，从仿真写实的到夸张抽象的应有尽有。人台能够更好地展示商品，完整地呈现衣服的穿着状态，烘托整个商业空间的氛围。选用展示人台有些小诀窍：首先，要根据服装的不同风格和档次来选用人台；其次，人台的数目并不是越多越好，数目视陈列区大小而定，一般2~4个不等姿势，在使用多个人台陈列的情况下，只要场地允许，通常使用坐姿和站姿结合的方式，以增加陈列空间的层次感和趣味性（图3-145、图3-146）。

图 3-146

图 3-147

图 3-148

图3-147所示为内衣品牌Victoria's Secret在纽约的旗舰店，它使用了大量躺卧姿势的人台，造型十分逼真，给人印象深刻；再次，长期使用固定姿势的人台会引起顾客的视觉疲劳，选购人台时需要另外购买一些假发和不同姿势的手臂、腿等，以备定期更换，也比较经济方便，国外的一些道具制作公司甚至提供不同颜色的眼睛以便更换。美国著名的MACY'S百货公司就定期更换橱窗人台的肤色和妆容，时常给顾客带来新鲜感（图3-148）。

人台从形态上分有全身、半身和三分之一的模特架。

上半身人台一般没有头，长度至胯部、膝盖不等。适合放置在边柜中或展台型货架上，泳装、内衣品牌和部分T恤专卖经常用到此类人台，装有立式支架的上半身人台也经常用于展示裙装或长大衣（图3-149～图3-153）。

下半身人台用于展示裤装和袜子，但除非是袜子、裤子专卖或裤子为当季重点推出的产品，陈列中很少仅用下半身人台来进行展

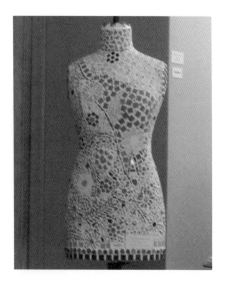

图 3-149

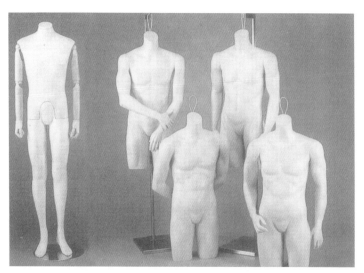

图 3-150

图 3-151

图 3-152

图 3-153

图 3-154

示商品（图3-154、图3-155）。

　　三分之一人台是放置于展台上的模特，上身身长一般到上腰节，为了达到平衡，一般不设计手臂；下身一般从胯部开始到膝盖上下。三分之一人台往往用于展示帽子、围巾、颈饰等服饰品，短裤和男子泳裤的展示也经常用到下身的三分之一人台（图3-156）。

　　全身人台分有头和无头两种。因为其造型丰富、姿态百变，能够最好地体现着装状态，

图 3-155

图 3-156

图 3-157

图 3-158

图 3-159

图 3-160

是使用最为广泛的一种人台（图3-157～图3-160）。

　　人台品种繁多，从材质上有木料、布、塑料、玻璃钢、金属、石膏等。很多内衣和泳装品牌喜欢使用透明的人台，里面打上灯光，用以衬托服装。另外有用特殊材料如藤、金属丝编制的人台，具有强烈的设计感。在美国纽约州立大学时装技术学院（F.I.T）就有专门进行人台设计的课程（图3-161～图3-165）。

图 3-161

图 3-162

图 3-163

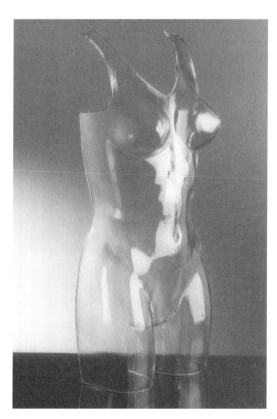

图 3-164

图 3-165

　　从模特的造型上分有仿真写实风格、夸张、抽象、特殊造型等人台。仿真写实风格适用于经典、传统和较为含蓄风格的服装；而一些带有强烈个性的年青品牌喜欢采用，例如

图 3-166

图 3-167

图 3-169

平板人台等夸张、抽象的人台（图3-166~图3-168）。图3-169所示为意大利著名品牌GUCCI专卖店的人台，人台采用抽象的外形，包以2017的主题印花，和整个店铺风格统一，显得奢华又怪异。

特殊造型人台一般指展示特殊阶段服装如孕妇装所用的人台。

法国顶级内衣和泳装品牌Eres对人台的身形设计要求就十分苛刻，为了展现不同设计特点的内衣，有不同身形尺寸的人台以备选用（图3-170）。

图 3-168

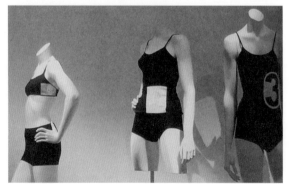

图 3-170

从人台的年龄段区分有：婴童、青少年、成年、中年和老年人台（图3-171～图3-178）。

陈列要根据服装的不同风格和档次来选用人台的种类和动作，如淑女装通常采用相貌甜美、动作含蓄的人台；传统经典品牌可以采用

图3-171

图3-172

图3-173

图3-174

图 3-175

图 3-176

图 3-177

图 3-178

图 3-179

老式的无头布身人台来强调其品牌的年份；休闲品牌选择的人台需要身材健美、表情具有亲和力、动作具有活力；而走前卫路线的服装适合使用造型奇特、表情酷、动作夸张的人台来强调另类的风格（图 3-179 ~ 图 182）。

　　人台的选用不仅要考虑服装的风格，有时候还需要考虑地域的审美趣味和流行趋势。比如在美国的一些地区，特别是西南部，喜欢用肤色黝黑的人台形象，是因为当地崇尚户外活动，因此，这些地区的人台的体型也比别的稍显健壮（图 3-183）。

图3-180

图3-181

图3-182

图3-183

三、装饰道具

　　装饰道具并不承担摆放商品的任务，而是起烘托气氛、增加兴趣点、吸引注目的作用。装饰性道具有时能留给消费者更深刻的印象，很多服装品牌都将装饰道具作为陈列的重点，如韩国少女装品牌Teenie Weenie的小熊玩具、男装品牌马克·华菲的火车车厢、Dunhill的机车模型、美国内衣品牌Victoria's Secret的巨型翅膀等，都给消费者留下深刻的印象（图3-184～图3-189）。图3-190所示为

图3-184

图 3-185

图 3-186

图 3-187

图 3-188

图 3-189

图 3-190

德国一个牛仔品牌陈列的道具，它用几十条牛仔裤的零部件做成一只从马戏团逃跑的老虎，给人非常的视觉刺激，而逃跑的老虎又隐喻着叛逆精神，与牛仔服装的形象不谋而合。

我们日常生活中的任何东西都可以拿来作为装饰道

具，如玩具、趣味性工艺品、装饰性家具、告示板、装饰画、绿化等，但同样要依据服装品牌的风格和当季主题来挑选。如甜美淑女风格的服装，大多采用白色洛可可式样装饰道具或藤编家具，如COCOON、Estam等女装品牌（图3-191、图3-192）；少女品牌S'CAT的陈列道具别出心裁地采用印有红色猫咪形象巨大的扑克牌（图3-193）。美国品牌COACH 2017'秋冬的陈列道具采用花朵图形，上面镶嵌铆钉，与皮靴上工艺相互呼应（图3-194、图3-195）。图3-196所示是一个非常

图3-191

图3-192

图3-193

图3-194

图3-195

图 3-196

图 3-197

有趣的陈列构思，人台模特和麦片都在巨大的碗里，边上还有一个巨型牛奶盒，像一份早餐一样。另外，一些牛仔和休闲男装品牌会经常采用粗犷的原木道具来诠释品牌形象，如Levi's就采用麻袋盛装玉米、豆子等农作物来烘托陈列气氛。图3-197所示的牛仔品牌陈列，用牛仔裤的造型制作沙发，沙发的背后看上去像一个个硕大的屁股，令人忍俊不禁。

本章小结

1．服装陈列通过各种构成形式表达不同的陈列效果。

2．陈列空间分为室外空间和室内空间、固定空间和变化空间、虚拟空间和实体空间。

3．陈列空间里一切物体的尺寸，都需要缜密考虑，合理安排，并严格按照人体工程学来设置。

4．对陈列空间布局必须合理安排，力求达到销售空间的优化组合，使商品陈列富有层次，顾客动线流畅。

5．优秀的陈列色彩设计可以弥补硬件的缺陷、提高商品的档次、起到优化商品的作用。

6．陈列色彩设计要考虑到光照色的影响。

7．色彩具有季节效应。

8．陈列面采用不同的材质可以塑造不同的视觉触觉效果。

9．灯光对陈列面气的作用巨大。不同的灯具、不同的照明方式打造的陈列氛围很不相同。

10．展具的选择要跟陈列风格紧密结合，以便更好地诠释品牌文化。

思考题

1．如何弥补陈列空间狭小的缺陷？

2．如何使用各种陈列元素打造一个明快、趣味性强的品牌氛围？

3．为你最喜爱的一个服装品牌做一个春夏季的陈列方案。

第四章

店面形象的策划与设计

课题名称： 店面外观的策划与设计

课题内容： 店面外观的设计原则、店面形象的设计要素。

课题时间： 6课时

教学目的： 使学生了解并掌握店面形象的设计要素。

教学方式： 理论讲解与课堂讨论。

本章重点： 店面外观的设计要注意整体性和与品牌风格保持一致。

课前（后）准备： 学生查找资料，确定服装品牌，为其进行店面外观的设计。

第一节 店面外观形象的设计原则

如前所述，店面外观形象是品牌的脸面、是消费者接触品牌的第一印象，橱窗陈列也属于店面外观形象的一部分。无论是独立的店铺，还是商场店中店，都非常注重店面形象的独特性和识别性。在商场中的边厅，店面形象则主要由门头和入口主题展示区组成。店面外观的设计要注意整体性和与品牌风格保持一致。因为外立面的装修是一项较大的工程，不宜经常更换，因此店面外观的设计要具有前瞻性。另外，在不违反外立面施工规范、条件允许的情况下，尽可能塑造本店与其他店的差异性，展现与众不同的形象、树立个性化的风格（图4-1、图4-2）。图4-3、图4-4所示为Versace国大

图4-1

图4-2

图4-3

图4-4

专卖店的外墙，它用几百片菱形的哑光金属片拼成整个墙面，意在模仿Versace的代表性特色面料——压花皮革的视觉效果。图4-5所示为CHANEL在杭州大厦专卖店的店面，就设计成CHANEL的经典箱包的格子，非常具有识别性。再如轻奢女装品牌KODICE，走的是神秘、性感、精致的路线，因此它的店面采用黑色皮革软包，镶嵌金色钻石型切割金属块，整个视觉效果非常奢华，完美诠释了品牌风格（图4-6）。

图4-5

第二节　店面形象的设计要素

一、外墙

根据建筑结构的性质，店面的外墙可设计成全封闭型、半封闭型和敞开型。

全封闭型的商店外墙用实体墙，入口很小，采用封闭式橱窗或没有橱窗，顾客进店后，受外界干扰较少，可以安静地挑选商品。图4-7所示为奢侈品牌Catier的外墙，整个墙面密闭，橱窗里摆放巨幅的Catier标志形象——猎豹，没有任何的产品陈列，显得霸气十足。半封闭型的外墙入口稍大，并配有较大的通透式橱窗，从外面经过能较清楚地看见店内的情况；敞开型店面设计，一面或两面没有外墙和橱窗的隔断，店堂直接面向大街，顾客出入方便，敞开型店面外墙由于不具备私密性，体现不出商店的档次，一般只适合大众品牌，奢侈品牌都不会采用（图4-8）。

外墙是吸引消费者的第一步，它的用材、

图4-6

图4-7

图4-8

图4-9

图4-10

色彩和品牌名称字体的大小都要考虑与服装品牌相符，并在预算允许的范围内尽可能体现设计感，彰显与众不同的品位。随着服装产业的竞争越来越激烈，专卖店的外墙设计也日趋个性化，许多品牌都将外墙设计作为形象重点来考虑。

二、入口

入口的位置应参照店面的宽度来设计。店面开间宽阔的大型商店，入口可以安排在中间，而开间狭小的店面，只能考虑将入口安排在旁边，以增加实用面积。入口的构造有以下两种。

1. 与建筑外立面平行的入口

这种入口与橱窗、外立面在同一个平面上，直接面对马路，较为开阔、明朗，适合一般的休闲风格的服装和大众品牌（图4-9、图4-10）。

2. 有进深的入口

这种入口比建筑立面凹进一部分，比前者更具有隐秘性。一些较高档和小众的品牌会选取这类形式的入口，来增加品牌形象的神秘感。这类入口要注意商店内部灯光的设计保证有足够的吸引力，和橱窗的指示性作用（图4-11、图4-12）。

从商业观点来看，服饰店的入口应该保持明快、通畅，特别是针对大众消费者的中档品牌，不能给顾客造成"幽闭、阴暗"等不良的感觉。❶另外，遮阳棚的使用也是不错的选择，特别是对于一些面积较小的商店来说，向外挑出的遮阳棚可以延伸自己的势力范围。

---

❶ 王怡然. 服饰店经营管理实务［M］. 沈阳：辽宁科学技术出版社，2003。

图 4-11

图 4-12

图 4-13

图 4-14

欧美一些传统名店和小型的设计师品牌店经常利用有个性的
遮阳棚来扩展店面的范围（图4-13）。图4-14所示为奢侈品
牌GUCCI店面的入口，采用金色镂空的方式将品牌的图案布
满整个门柱，晚上灯光打开，斑斓炫目，独具特色。

三、门头

门头的设计包括挑檐的形状、色彩和店名（品牌名）的
大小、材质及制作方式。虽然店名（品牌名）的字体和色彩

图 4-15

图 4-16

必须与品牌的标准保持一致，但在尺寸、用材、具体的摆放位置上还是有很多的设计点。店名的字体必须时刻保持完整，任何边角的缺失都会影响店面形象，甚至使店名不能辨认。特别是那些由灯管组成的店名，如果其中一段灯管不能发光了，店名的字体就不完整了（图4-15、图4-16）。

四、橱窗

设计制作精美的橱窗应该是品牌的形象窗口，作用是吸引路人驻足观看，对品牌产生认知，对商品产生好感，乃至进一步进店浏览。关于橱窗陈列设计我们将在下一章详细阐述。

五、入口处VP

商场中的边厅没有独立的店面和橱窗。我们可以在这个区域设置一组VP❶点，来达到吸引顾客入店的效果。入口处VP点功能等同于专卖店的橱窗，所以也需要打造场景，要懂得利用模特出样、道具或者衣服的集中摆放等来塑造品牌氛围，体现商品价值，激发他们购买进店进一步浏览的欲望。

❶ VP，参见第六章第一节内容。

六、室外光照

室外光照的设计目的是使建筑物或品牌在夜晚更引人注目。室外光照通常采用顶部斜光和地面斜光的方式，将光线斜打在建筑物、店名或标志上，形成光彩夺目的视觉效果。室外光照最重要的是不能将光线直射建筑物，特别是橱窗，以免产生眩光和反光，使路人看不清商店（图4-17）。

图4-17

七、广告和旗帜

室外广告和印有店名（品牌名）的旗帜不但能营造热烈的室外营销氛围，吸引路人的关注，还能将商场内的风格延伸到室外，使路人在室外也能初步了解品牌。在经过有关部门批准的前提下，室外广告和旗帜可以张贴悬挂在临店的街道上，以扩大宣传的范围。广告和旗帜的设计要点是色彩必须抢眼，要具有感染力，并有一定的量（图4-18、图4-19）。

图4-18

图4-19

本章小结

1．店面外观的设计要注意整体性和与品牌风格保持一致，并应具有前瞻性。

2．店面形象设计的各种要素应该有机的结合。

思考题

1．如何打造一个具有吸引力的店面外观？

2．设计店面形象时应该注意哪些方面？

第五章

橱窗展示的策划与设计

课题名称： 橱窗展示的策划与设计

课题内容： 橱窗展示的设计要点、橱窗的构造形式、橱窗陈列的选样原则、
橱窗陈列的构思技巧。

课题时间： 16课时

教学目的： 使学生了解并能运用橱窗展示的构思技巧。

教学方式： 理论讲解与课堂讨论。

本章重点： 1. 橱窗展示的设计要点。

2. 橱窗陈列的选样原则。

3. 橱窗陈列的构思技巧。

课前（后）准备： 学生查找资料，为前面的品牌进行橱窗陈列设计。

图 5-1

橱窗展示是"无声的推销员",它是直接面对行人的最高效传递信息的窗口,路人往往凭对橱窗陈列的印象而决定是否进入店内。设计制作精美的橱窗应该是品牌的形象窗口,整个店铺陈列的浓缩体。比起亚洲人,欧美更注重橱窗的陈列,甚至不惜重金,更换的频率也很快。这是因为欧洲及美国很多商店节假日是不开的,许多甚至到星期一的中午才开门。为了加深商品品牌在消费者心目中的印象,它们的橱窗却是一直向外展示着。直到午夜时分,我们仍然可以看到商店的橱窗灯火通明,赏心悦目(图5-1~图5-5)。

图 5-2

图 5-3

图 5-4

图 5-5

第一节　橱窗展示的设计要点

橱窗可以吸引路过的人驻足并进内观看。橱窗的内容形式可以是单纯的商品陈列形式，也可以告诉人们商店内部正在发生什么，甚至仅仅为了吸引顾客而营造一个与商品无关的场景，如美国的MACY'S百货公司就在每年的圣诞节前后将所有的临街橱窗展示布置成有一定主题的场景，并以此著称。这些场景虽然与销售的货品无关，但因为制作工艺逼真，并具有动能装置，系列场景十分有气势，吸引了无数的路人驻足观望，甚至要排队进行浏览，这在很大程度上推广了MACY'S的形象（图5-6、图5-7）。

图5-6

如何能在匆匆的一瞥中抓住顾客的眼睛是橱窗展示所需要做到的。如何使有限的空间设计吸引和维持消费者的注意，表达品牌特征，达到传达信息的目的，独到的陈列技巧和艺术表现是必需的。归纳起来有以下几个重点：

图5-7

（1）增强信息的强度（夸张的手法）：为了吸引观者的注意，应当有一定力度的刺激，比如鲜艳的色彩、绚烂的灯光、有趣的人台、铺天盖地的减价招贴等。在一定的范围内，客体的刺激越大，观众对信息的注意就越强烈（图5-8~图5-10）。我们经常可以看到在橱窗中出现大幅海报的情况，这些海报上并没有体现出当季的服装款式，而是仅仅一些模特的脸。据研究，有表情的人脸画面是最容易抓住人的视线的元素，这样做目的是利用海报上的模特的神情来吸引路人的注意（图5-11~图5-13）。

（2）增大信息的对比度：刺激物体中各

图5-8

图 5-9

图 5-10

图 5-11

图 5-12

图 5-13

元素的对比也很容易引起人的注意，比如在一堆很小的物体中摆放一个大的物体，或者在造型夸张的人台旁边放置中规中矩的圆球等。在展示中，我们可以有意识地强调物体的对比关系和差异，增加观众的注意度（图5-14、图5-15）。

（3）新异性的刺激：常见的、雷同的事物对人的刺激力度较弱。从没见过的东西或新奇的组合方式是引起注意的又一方法，比如反常规的人台姿势、奇幻的空间场景等。如德国服装连锁店 leffer's，2017' 的鞋子陈列采用食物这一主题，别出心裁把鞋子像食品一样陈列在冰箱、回转寿司的传送带上（图5-16、图5-17）。

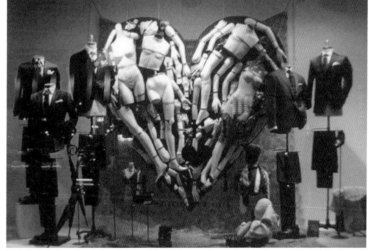

图 5-14

图 5-15

图 5-16

图 5-17

图 5-18

这种手段有倒置、移位、置换、错觉等。但也要注意到新异性的刺激要建立在品牌特征和理解的基础上，仅仅追求刺激，人们不能引起共鸣，这种刺激很难持久（图 5-18 ~ 图 5-20）。保持新异性刺激的另一个做法是使橱窗展示的商品永远领先时尚，这种方式适合于那些不需要迎合消费者的时尚大牌。如 PRADA 专卖店，在 8 月份炎热的酷暑，橱窗里的展示的包包却是皮草做的，人台也相应穿着厚厚的皮草（图 5-21）。

（4）动感吸引：运动的物体引人注目的程度要比静止的大得多。动的形象更能牵动消费者的眼睛，使之照设计者所希望的方向移动。我们可以看到不乏运

图 5-19

图 5-20

图 5-21

用流水、模特转动等引起注目的优秀陈列案例。影像科技的发展使服装陈列又多了一项动感刺激的手段，电子屏幕滚动播放的时装广告、秀场录影或投影形成的光怪陆离的影像，常常使路人驻足忘返。这一手段既效果理想又可经常更换播放主题，无疑是较为经济的做法（图5-22～图5-24）。

图 5-22

图 5-23

图 5-24

图 5-25

图 5-26

图 5-27

图 5-28

（5）兴趣点关注：人们一般都会对感兴趣的事物加以注意。设计可以利用当时人们的兴趣中心事物作为展示的题材，当然必须是与展示内容有关联的事物。另外，一些有趣的、可爱的形象如小孩子、小动物等都能引起人们的喜爱和关注，从而延续到对橱窗展示内容的关心（图5-25～图5-27）。

第二节　橱窗的构造形式

由于服装店铺所在的建筑物本身构造的不同和不同档次品牌的自身需求，橱窗的构造形式也有很多类型。

（1）封闭式：背景用隔板与店堂隔开，在商店外部不能看见店堂内部，形成一个独立的空间。许多国际大牌都采用这种橱窗构造方式，来彰显品牌的尊贵和保护贵宾客户的私密性（图5-28～图5-30）。

（2）半封闭式：后背采用半隔绝、通透形式，可用栅栏与店堂隔开，人们可以通过

图 5-29

图 5-30

图 5-31

图 5-32

橱窗看到商店内部的部分，具有神秘感。此类橱窗店内相应的第二视觉点的设计就非常重要，PP❶展示应当正对店外顾客的视线（图5-31、图5-32）。

（3）敞开式：橱窗没有后背，直接与营业场地空间相通，人们通过玻璃可以看到店内全貌。当商店希望以内部购物环境来吸引顾客的情况下，往往会采用这种橱窗构造形式。此类橱窗因为没有背景来营造场景（店铺的内部环境就是橱窗的背景），人台模特的选用和照明的设计就显得特别讲究，应当尽可能地选用生动的人台。橱窗后面区域也必须保持整洁

❶ PP，参见第六章第一节内容。

图 5-33

图 5-34

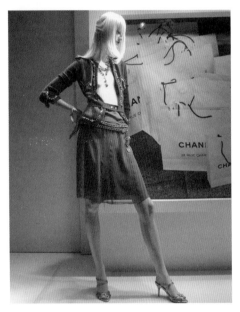

图 5-35

图 5-36

有序（图5-33、图5-34）。

第三节　橱窗陈列的选样原则

　　橱窗陈列的选样非常重要。因为橱窗陈列是代表品牌形象的窗口，因此要选择具体有代表性的服饰产品，这些样品既要是当季的流行新品，又要求设计感强、细节丰富，并且一般为整个店铺里较高档的商品，常销款不应摆放在橱窗里，以免顾客觉得没有新意（图5-35、图5-36）。另外，橱窗里的服装商品也不适合单独陈列，宜配套出样，旁边配以相关的服装和配饰，以形成完整的产品形象（图5-37、图5-38）。

　　一个值得注意的问题是，当橱窗里人台出样的数目超过两个时，要考虑人台着装的相互关联性。当季的流行元素（色彩、面料、细节等）应该以不同的款式出现在人台穿着的服装上，至少要保证多个人台穿着服装风格的一致性，以强化当季产品的整体风格，也能增加陈列空间的整体协调感，这一点在店铺陈列时也同样适用（图5-39～图5-42）。

图 5-37

图 5-38

图 5-39

图 5-40

图 5-41

图 5-42

图5-43

图5-44

第四节　橱窗陈列的构思技巧

　　就如每季的服装流行趋势和产品拥有主题一样，橱窗陈列也要有相应的主题。主题能帮助表达产品的情绪，如果有一个明确的主题，会大大强化和加深顾客对陈列内容的认识与理解，并产生对当季产品的遐想和期盼。陈列的主题是橱窗展示的中心思想，会给顾客以明确、生动、深刻的印象。通常橱窗展示的主题延续会到整个店铺的陈列中去，形成风格的统一性，加深消费者对当季品牌诉求点的印象（图5-43、图5-44）。

　　橱窗陈列的构思可以从几个方面考虑：

　　（1）模拟一定的生活场景：再现一定格调的理想生活场景是吸引目标消费者的最好手段。这样的生活场景要符合目标消费群体的生活趣味，但又略高于他们的实际生活状态。与他们现实品位相契合的又是梦寐以求的，能最大限度地引起他们的共鸣，并产生对品牌的认同和信任感（图5-45、图5-46）。

　　（2）设计一个美丽的故事：与模拟生活场景不同，该创意思维是通过橱窗陈列为消费者讲述一个现实中并不存在的美丽故事，或者离现实生活较为遥远的场景。这种陈列设计利用魔幻、怪异等所有新奇、美妙的元素来引起顾

图5-45

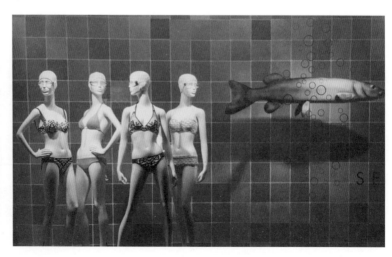

图5-46

客的好奇心和关注，产生探究的念头，并在脑海中留有强烈的印象（图5-47～图5-49）。

（3）打造热烈的季节气氛：利用节假日的特色做文章。用节假日的特有代表元素作为陈列的主题，如圣诞节的圣诞老人、铃铛、雪花、圣诞树，儿童节的气球、泡泡等，使消费者能够通过橱窗就感受到浓烈的节日气氛，并为之所感染，从而促进消费（图5-50、图5-51）。

图5-47

图5-48

图5-49

图5-50

图 5-51

图 5-52

图 5-53

（4）强化促销打折的诱惑力：铺天盖地的打折宣传能极大地渲染购物氛围，对在场的所有消费者都是不小的诱惑。在橱窗陈列中出现促销打折广告，并以足够的量来强化这一信息，能将本无意走进商店的路人吸引进店，增加了潜在消费的机会（图5-52）。图5-53所示更是故意将橱窗里所有的人台模特全部脱去衣服，以示打折力度大，衣服都被卖光了。

本章小结

1. 设计制作精美的橱窗应该是品牌的形象窗口，整个店铺陈列的浓缩体。

2. 橱窗设计应该增强信息的强度、增大信息的对比度和对行人注意力的刺激度。

3. 橱窗陈列的选样应该选择具体有代表性的服饰产品。

4. 橱窗陈列也要有相应的、明确的主题。

思考题

1. 橱窗陈列怎样做到对路人的吸引？

2. 橱窗陈列的重点是什么？

3. 如何让橱窗陈列作为店铺陈列的一部分？

品牌服装的店铺陈列设计

课题名称： 品牌服装的店铺陈列设计

课题内容： 店铺陈列的组成部分、店铺陈列的规划构成、店铺陈列的容量
规划、店铺陈列的设计原则。

课题时间： 16课时

教学目的： 使学生了解并掌握店铺设计的基本要素和原则。

教学方式： 理论讲解与课堂讨论。

本章重点： 1. 店铺陈列的区域划分。

2. 店铺陈列规划的人体工程学。

3. 店铺的容量规划。

4. 服装的出样方式。

课前（后）准备： 学生查找资料，为前面的品牌进行店铺陈列设计。

图 6-1

图 6-2

第一节　店铺陈列的组成部分

一、店铺陈列区域的划分

顾客从被商品陈列吸引驻足，到走入店铺内部，到触碰商品乃至试穿试戴，是一个渐进的过程，在此过程中，承担不同功能的陈列方式应当各有侧重。我们依据陈列功能的不同将店铺的陈列区划分为三个部分：演示区、展示区和陈列区。

（1）演示区：Visual Presentation，缩写为VP，是展示品牌总体形象的地方，其作用是吸引顾客视线并使其产生情感上的共鸣，诱导其停留进店。演示空间一般为商店的橱窗、入口或店铺的中岛。VP演示区应选择季节性流行商品进行主题性的出样展示，充分考虑服饰细节的整体搭配、商品颜色的彼此协调、小道具的精心选用，力求体现完整的着装状态和场景（图6-1、图6-2）。图6-3所示为意大利轻奢品牌COLOVE（卡拉佛）专柜的VP区。该品牌打造的是"先锋、独立、自我、率性、悦己"女性形象。2017'秋冬系列主打是机车夹克和运动风格的卫衣，因此它的VP展示用了许多赛车的道具，来映衬迷人率性、浪漫不羁的设计主题。

（2）展示区：Point of sale Presentation，缩写为PP，指店铺中小的演示点，比如边柜中半身人台的组合着装、服装的正挂搭配出样等。展示区的作用主要是在顾客浏览商品时增加兴趣点，强化消费者注意力和联想性。一般情况下，PP展示是顾客在店铺内停留时间最久的区域，主要选用主力商品出样，配合当季主题概念把单品及搭配的饰品组合出

图 6-3

图 6-4　　　　　　　　　　　　　　　　　　　　图 6-5

图 6-6　　　　　　　　　　　　　　　　　　　　图 6-7

样，达到关联购买的诱导目的（图6-4、图6-5）。在同一个店铺，应该安排多个PP陈列，来刺激顾客的消费欲望，增加购买的概率。值得注意的是，多个PP陈列布局应当有策略性，合理引导顾客走完整个销售区。

（3）陈列区：Item Presentation，缩写为IP，主要的单品的陈列区域。IP呈现的是完整的商品系列，按照色系、尺码进行明确的分类整理。IP陈列区的主要陈列道具是货架或者货柜，一般将商品的侧挂或折叠出样，方便顾客直接拿取商品进行细看试穿（图6-6、图6-7）。色系尺码齐全、数量充足、方便拿取是IP陈列的首要前提。

图6-8

图6-9

不同的陈列区在商场中有不同的位置、展具和陈列方法。

（1）背景墙：专卖店或专柜中展示品牌名称的立面称为背景墙或形象墙，一般正对入口。背景墙能够体现品牌的特性，提高品牌效应。其设计形式有：

单独的文字展示：利用品牌的LOGO形象加深顾客对品牌的认知度（图6-8、图6-9）。

文字与海报的结合：海报上模特的外表与动态，容易吸引顾客的目光（图6-10）。

图6-10

LOGO与商品的组合：在展示LOGO的同时，还配有商品展示以及组合收银台（图6-11、图6-12）。

另外，还有些走创意路线的形象墙（图6-13），不采用常规的陈列方式，而以富有个性的创意设计为主，给人留下非诚深刻的印象。图6-14所示的NIKEiD STUDIO纽约旗舰店

图6-11

图6-12

图6-13

图6-14

图 6-15

的形象墙。随着2007年在纽约、伦敦、大阪和巴黎陆续开张，近几年NIKEiD STUDIO在世界范围内急剧扩张，光在中国就开设了数家。它经营的是NIKE的个性化定制服务，让消费者参与设计、定制属于自己的NIKE产品。所以我们看到它的旗舰店形象也非常有特色：以整面的有机玻璃代替传统的形象墙，使整个店堂和商品陈列显得非常通透，同时也充满高科技感。图6-15所示为男装品牌By Creations（柏品）的形象墙，也非常有特色，它以彩虹色排列的衬衫和缝纫线为元素，铺满整个墙面，给人品质、整齐、精致的感觉。图6-16所示为一站式奢侈品集合店LIMELIGHT的形象墙，以巨大的圆柱形陈列柜为主体，色彩缤纷的背景和商品，非常具

图 6-16

图 6-17　　　　　　　　　　　　　　　　　　　图 6-18

有识别性。

（2）墙面嵌入柜展示：以各种嵌入式货架（柜）陈列商品的墙面，同时在关键部位配以标志，提醒顾客对品牌的关注。一般在空间比较小的专卖区，采用这样的背景墙处理方式，可以有效地利用墙面。墙面嵌入柜用以展示当季的主要产品，一般一个柜只能陈列一个系列的商品，并配以相关的服饰品（图6-17、图6-18）。

（3）柜台展示：这里的柜台指的是低视线的柜台，一般的高度为90～100厘米。柜台展示的规格和造型较多，既有单个的柜台也有两个、三个组合的柜台。服饰商品在柜台展示的方式有平铺陈列、折叠陈列、堆积陈列等形式。柜台平铺陈列一般将服饰产品作搭配出样，形成完整的着装效果并将服装摆出一定的动态（图6-19）；柜台折叠陈列一般是几个主打单品的折叠出样，与墙面立柜陈列一样，需要做色系的渐变安排，从上到下色彩由浅到深、由淡到浓，尺寸从上到下由

图 6-19

小而大排列（图6-20、图6-21）；柜台堆积陈列的一般为若干服饰品如包、帽子的叠放展示，堆积陈列需要注意的是堆放的货品要保持形的饱满，堆放面要保持整齐有序，每一组堆放的量控制在3～5个单品，以便顾客拿取观看及放回。服饰品的陈列与食品等陈列有很大区别，货品堆放的数目太多并不合顾客观看及挑选，并会影响陈列的效果。

（4）中岛展示：在商场专门辟出一块场地，展示重点推出的商品，从各个角度都可以观看的展示方式。中岛是一个店铺陈列的中心和重点，是顾客最先看到的地方，代表了整个产品系列的精华，可以说，中岛展示的好坏直接影响顾客对该季产品的印象（图6-22、图6-23）。

图6-20

图6-21

图6-22

图6-23

图 6-24

图 6-25

中岛通常以高起（或低凹）的平台、地毯或地板材质的改变来区分中岛和周边的范围（图6-24、图6-25）。也有很多设计运用加强顶部造型的方法来区分中岛的特殊位置（图6-26）。中岛的高度设计应考虑顶棚的高度和销售平面的大小，并照顾到各个角度的视觉效果。中岛的陈列位置应尽可能地给予充裕的空间，避免形成拥挤与紧张的视觉心理感受。如果中岛区面积较大，应采用高柜和低柜多层次相结合的处理方式，以满足店铺通透的要求。

（5）货架展示：货架展示是最常用的展示方式。店铺的移动货架通常是常销与削价产品的挂样位置，放在店铺的顾客动线两边。货架有格层货架和吊杆货架两种形式。格层货架分为若干层，用来摆放折叠出样的服装和服饰品；吊杆货架有单杆、双杆和圆盘等品种（图6-27~图6-30），服装分门别类地挂在货杆上，以便顾客翻看。有些货架的顶部设计成一个平面，可以用来放置折叠的服装或服饰品。服装的货架展示的原则是分类展示，依照产品系列或价格来分门别类陈列。

（6）地面（地台）展示：某些服饰产品

图 6-26

图 6-27

图 6-28

图 6-29

图 6-30

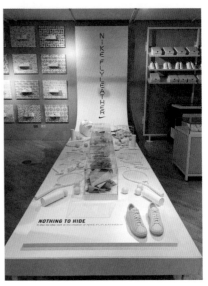

图 6-31

图 6-32

如鞋子等，适合放在较低的视线区域展示，以符合人们的视觉心理。国际上也有些走前卫服装品牌，重点将服装商品放置于地面陈列，造成另类的陈列效果（图6-31）。图6-32、图6-33所示为Prada纽约旗舰店的地台陈列展示，专卖店的层高非常高，模特及商品全部陈设在阶梯上，顾客觉得新奇又刺激。

图 6-33

二、店铺的商品分区

　　一个服装品牌的店铺应当根据商品特性分为几个陈列区域，可以按照价格分、品类分、色彩分、面料分等，方便顾客有目的的挑选。现在流行的做法是根据商品的销售情况划分陈列区域。服装商品有流行新品、当季畅销产品、常销商品和滞销商品等。对于当季畅销产品和流行新品来说，流行时尚度高，能较快地吸引顾客注意力，适合作为重点陈列对象，一般整体搭配组合展示，放在墙面柜陈列和入口中间的位置，做正挂或折叠展示；常销商品往往是一些经典基本款，如 LACOSTE 的 POLO 衫，受流行趋势的影响较小，全年拥有稳定的销售量，常以单品的形式展示，需要体现其品种、色彩、型号齐全的特点，通常放在墙面柜和中间陈列架的下方作侧挂展示；滞销商品，只要仍符合当季的流行趋势，仍可放在打折区继续销售，打折区需要强调折扣力度的宣传，以

图6-34

吸引相关的消费者（图6-34）。

三、服装的出样陈列

1. 服装的出样方式

服装的出样根据服装的展示面总体分为正面出样和侧面出样。正面出样的目的是为了让顾客清楚知道商品的风格特点；侧面出样的目的则是商品在数量、颜色、尺寸等方面变化的展示，可以体现产品的秩序与节奏感。完整的产品的陈列需要正面出样和侧面出样相结合，如果展示区的产品陈列都采用侧面陈列的方式，会影响产品信息的传递，而全部正面陈列则会影响产品陈列的数量。在确定了正面出样和侧面出样的前提下，根据服装展示的方法不同，又分以下多种方式：

（1）折叠式出样：折叠式出样是将服装折成统一的形状，叠放陈列的方式，是最为常见的出样形式。折叠式出样需要有一定的量感，通常以衬衫、T恤和薄毛衣5~7件、厚毛衣3~5件为一个陈列单元，常按色系排列成若干组，每组之间应保持5~7厘米的间隔。折叠式出样可以摆放在货架和中岛柜台上，充分体现商品的量感和色系组织。折叠陈列的同款服装，尺码应按从上至下、从小到大的次序摆放，每叠服装需基线平直，保持肩、襟、褶等部位对齐平整，吊牌置于服装内，切忌外露。有图案的上装，图案最好从上至下应整齐相连，甚至若干件衣服拼接成一个完整的图案。由于折叠式出样要将衣物叠成规范的形态，整理比较费时、麻烦，因此需要有同一款式的悬挂出样配合陈列，以满足顾客拿取试样（图6-35~图6-38）。

图6-35

图6-36

图6-37

图6-38

（2）平铺式出样：将商品平铺摆放于销售区域的中心地面、桌面、货架等，一般配套展示。平铺式出样能充分展示货物的质地和色彩，给人以安定感和量感，方便与顾客拿取和观看（图6-39）。

（3）填充式出样：大部分包袋的出样，为了使包袋显得饱满立体，陈列师通常在包袋里填充纸张等，用来支撑包袋。填充式出样用在服装上体现在不采用人台模特穿着服装，而是在衣物里填充报纸、塑料袋、碎布等来造成衣服的立体效果。这种出样方式虽然缺少优雅和美丽的感觉，但有一种另类的酷酷的味道，而且还十分省钱，因此牛仔裤、休闲裤都是填充式出样的好地方。填充式出样常用在裤装和童装的陈列中，童装利用填充造成小孩子胖鼓鼓的着装效果，十分可爱。

（4）人台着装出样：利用人台将衣物的穿着效果展现出来，是顾客得到最直观的着装感受，并能传达衣饰搭配的信息（图6-40～图6-42）。人台出样应该放在多角

图6-39

图6-40

图6-41

图 6-42

图 6-43

图 6-44

图 6-45

度都能够看到的位置，使消费者在第一时间就能了解品牌产品的风格特色和当季产品的设计点。人台数量的选择以陈列场地的规模为参照，在场地允许的条件下，多人台出样的效果好于单人台的出样效果，一般以2~3个为一组，组合出样。欧美的建筑物空间巨大，也拥有比国内更宽大的橱窗，他们更喜欢多人台出样，以造成强烈的气势效应，人台的可选姿势也更加丰富（图6-43、图6-44）。图6-45所示为位于美国纽约Broadway的club Monaco旗舰店，就用了一组9个人台放置在店堂的中心，颇具感染力。

图6-46

图6-47

图6-48

人台出样的展示要点有：展示的服装商品必须是当季流行新品或主推产品，并能够代表品牌的形象；服装必须成套出样、配饰齐全；服装外观整洁，无折痕；多个人台的着装配饰要求相互有关联性，避免视点散乱（图6-46、图6-47）；人台造型优美，体表完整无残缺；了解主动线的位置，考虑人台角度面向观看面最广、最显眼的方向；注意灯光的重点照明，不宜采用顶光，以免造成阴影，宜设计成侧顶光照射。

①单人台配置：单人台由于陈列气氛较弱，不能有效地传达产品的系列感，一般在入口和中岛较少使用，更经常地出现在局部点陈列（PP）中。单人台配置体量感较小，所选用的人台宜选用动作幅度较大的姿势，用夸张的动态来引起注意，并与一定的展具搭配陈列（图6-48～图6-51）。

②双人台的配置：前后配置：两个人台不在一直线上，有前后层次，可采取后面人台站立位置或姿势略高于前面人台的组合方法。该配置为常用的方式，构图生动、视线集中

图 6-49

图 6-50

图 6-51

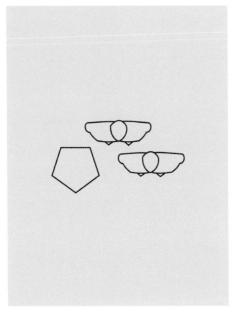

图 6-52

图 6-53

图 6-54

图 6-55

（图 6-52 ~ 图 6-55）。

　　平行配置：两个人台在一直线上，适合于场地较为局促的陈列场所。这种配置要求人台姿势有较大区别，以免视觉效果僵硬呆板，流于平淡（图 6-56 ~ 图 6-59）。

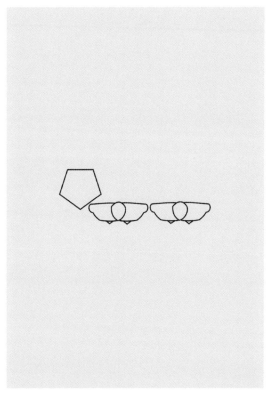

图 6-56

图 6-57

图 6-58

图 6-59

中央配置：中间为低矮的展柜，人台在柜台前两边分立，姿势相近略有变化，可得到整齐的视觉效果，但略显呆板，生动感不足，一般男正装的陈列常采用这种方式（图 6-60、图 6-61）。

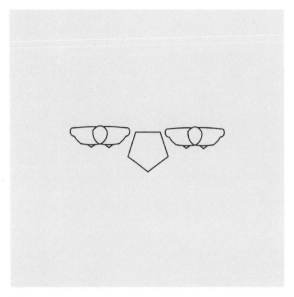

图 6-60

图 6-61

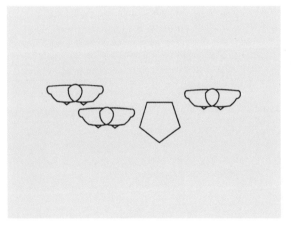

图 6-62

图 6-63

　　两边分散配置：较少采用的配置方式，一般用在双入口的展位。注意人台的朝向要有区别，其中一个人台旁边应配以装饰道具，以打破过于平衡的布局。

　　③三人台的配置：

　　1+2对比配置：这种配置方案是将其中两个人台作为一组，另一个单独站立，中间为展柜或道具，形成相关联的对比关系（图6-62、图6-63）。

　　三角配置：3个人台聚集在一起，以1前2后或2前1后的组合方式出样，通过人台模特站立、就座或下蹲等姿势的不

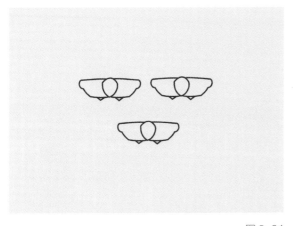

图 6-64

图 6-65

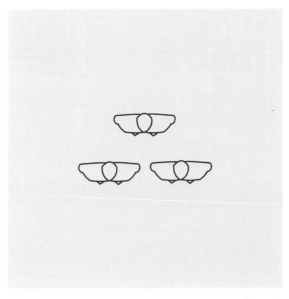

图 6-66

图 6-67

同，实现位置高低的节奏变化（图 6-64 ~ 图 6-67）。

平行配置：3 个人台成一字站立或就座，一般姿态完全保持一致，以军队式的阵容来造成强烈的气势。这种配置方式在男装陈列里用得比较多（图 6-68 ~ 图 6-71）。

群组配置：这种人台组合方法是 3 个人台背靠背站立或就座，组成一个圈，姿势各有不同。该配置方法的好处是无论从哪个方向看都是正面出样，群体感强（图 6-72 ~ 图 6-74）。

④多人台的配置：多人台的配置可以打造热烈而丰富的销售场景。面积宽敞的店铺和橱窗是多人台陈列的首要条件。

图 6-68

图 6-69

图 6-70

图 6-71

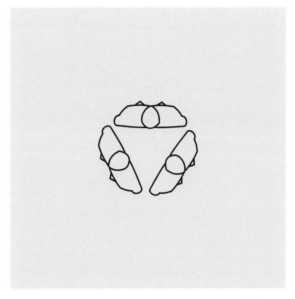

图 6-72

图 6-73

图 6-74

图 6-75

多人台陈列可以根据品牌特色和需要选用一样的姿势或不同的姿势，要注意通过模特着装的差异强调节奏性，以免缺乏亮点，流于平淡；有主推色彩或花纹的服装应占到整体的15%以上，使消费者能够轻易了解当季的主力商品；如果将同一款式的不同色彩的服装穿于多个人台上展示，会有强调风格的作用。与三人台配置一样，多人台配置也可以做成平行配置或对比配置，以适应不同的主题需求（图6-75~图6-78）。

图 6-76

115

图 6-77

图 6-78

图 6-79

图 6-80

（5）悬挂式出样：将商品挂在货架上或悬空吊挂，从普通的衣架悬挂到仅用钢丝悬挂，效果千变万化。一些不能折叠的服装或特殊造型的服装必须采用悬挂出样，如西装、礼服等。有些走创意路线的品牌也经常使用悬挂式出样来打造识别性（图6-79）。

悬挂式出样又分货架正挂出样、货架侧挂出样、点挂出样和悬挂出样等。

①正挂出样是将服装商品正面朝向顾客通道的挂样方式。正挂出样可以展示服装的款式和细节，并可以搭配陈列，具有人台陈列的一些特点。

货架正挂出样一般每杆只悬挂同一个款式的不同色系或尺码，最多不能超过两个款，以免造成混乱；每杆的服装量在3～6件。正挂出样的货杆要设计成向前倾斜的结构，以使排列在后面的服装也能方便地被看见。正挂陈列服装色彩一般从前向后由浅至深过渡，尺寸从小至大（图6-80、图6-81）。

②货架侧挂出样用来表现一组商品的色系安排和面料变化，另外，在袖子有设计的款

图 6-81

图 6-82

图 6-83

图 6-84

式也非常适合货架侧挂出样。这种出样方式排列密度大，较为节省空间，因为其具有类比的功能，也方便顾客比较挑选，是服装店主要的陈列方式之一（图6-82、图6-83）。侧挂出样要注意的是一杆货的色系安排和款式排列。在整体款式长短保持均衡的前提下，需要间或穿插几个变化的长度，以免整体长度过于单调（图6-84）。

　　③点挂出样以流行款为主，也可挂与店面整体色调相补充的色，以活跃气氛和增加兴趣点。点挂出样一般也以成套组合展示，突出服装的平面造型特色。另外，正挂和侧挂上的

图 6-85

衣服断码后，建议更换为点挂，以便快速售出（图6-85）。

④悬挂式出样能使商品充分展示形态，给人造成动感和轻快感，能体现商品品种的丰富多彩和良好的色系组织。特殊的悬挂展示使陈列空间变得扑朔迷离，如用鱼线当悬挂线，能造成服装商品像"浮"在空中一样（图6-86～图6-89）。

（6）盘卷式出样：条状的服饰品如领带、围巾、皮带等常采用这种出样方式，

图 6-86

图 6-87

图 6-88

图 6-89

图 6-90

图 6-91

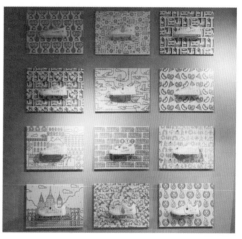

图 6-92

图 6-93

　　另外，一些走概念路线的休闲品牌也将部分衣裤缠卷出样
（图 6-90）。盘卷式出样能增添陈列品的趣味性，使陈列品在
众多平面的商品中引人注目。现在流行的做法是将盘卷的领
带或皮带带尾露初，以增加活泼性。

　　（7）壁贴式出样：将服饰品用针、图钉等固定在墙上的出
样方式，一些体积和重量较为小的服饰商品，如泳装、帽子
可以采用这种方式。壁贴式出样不能仅仅将服装直接平面钉
上墙，而需要将服装整理出一定的形再固定，造成活泼的出
样效果。壁贴式出样较为节省空间，能让顾客抬头即能看到
商品，但由于容易破坏墙面，一般的品牌店很少用到这种出
样方式，或是采用特殊的展板来固定（图 6-91 ～ 图 6-93）。

图 6-94

图 6-95

图 6-96

（8）另类的出样方式：一些品牌为了吸引眼球，给顾客造成深刻的印象，采用一些非常规的另类出样方式，也取得了较好的效果。图6-94、图6-95所示为NIKE纽约专卖店的鞋子出样，它将鞋子放在有机玻璃柜里，并配以云朵造型的支架，给人非常新奇的视觉效果，路过的顾客很难不被吸引过去细看。图6-96所示的出样将服装散乱随意地挂在围成一圈的椅子上，造成一种凌乱的效果，非常迎合年轻消费者另类口味的追求。图6-97所示陈列将服装陈列区与顾客隔离开来，顾客想要仔细查看衣服的细节，只有通过陈设在外面的视频装置，也不失为一种新奇而前卫的陈列手段。图6-98所示陈列将鞋子锁在

图 6-97

图 6-98

图 6-99

透明的罩子里，陈列视觉手段给人非常"好玩"的效果。

2. **出样的色系安排**

出样的主色调陈列：每一季的服装产品都有自己的主推色彩，主推色彩可能是 1 个，也可能是 2～3 个，陈列出样要以主推色彩为陈列的重点，要占整个陈列量的 15% 以上，才能形成充足的量感，形成产品流行氛围。在多人台展示的情况下，人台上可以出现同一色彩不同款式的服装，以强调主打色，也容易让顾客看出什么是主力产品（图 6-99～图 6-101）。

图 6-100

图 6-101

121

图 6-102

图 6-103

图 6-104

侧挂的服装出样讲究色彩的渐变，一般的色系安排是浅色在前，深色在后；单色在前，花色在后（图6-102）。出样时要特别注意不同色相服装的相互影响，如绿色的服装不宜与红色、咖啡色、驼色系的挂在一起；土黄、明黄色的服装会使挂在边上的灰紫色服装显得鲜艳；蓝色、冷灰色系色服装旁边不能出现橘红色系的服装，以上的色彩相邻会造成脏污、不清爽的色彩效果。

在若干个色系安排时，注意每组色系排列的方式要有变化，以求给消费者的感官以不断的新鲜刺激，避免乏味。比如一组可以按冷暖变化排列，另一组按明度变化安排；一组可以排列成温和渐变的效果，另一组则作动感跳跃的安排；一组单色的服装中应间或夹杂几个花色服装以活跃气氛（图6-103、图6-104）。

3．出样的数量

在决定款式后，需要考虑的是陈列的数量问题。陈列都需要有一定的量感，来营造产品丰富的热烈销售氛围。任何商品都有"最低陈列量"，少于这个量就会显得商品稀少，气氛萧条，因此也引不起消费者的购买欲望。然而过于拥挤的陈列也不是明智之举，太多的产品反而不能使顾客安心观看。服装陈列最好留有一定的空间，八成的出样量是比较理想的，悬挂的服装之间应留有一定空隙，不宜过于密挤，既显得商品有价值感，也方便顾客翻看挑选。

根据服装品牌和档次的不同，出样的数量也有区别，通常是越高档的品牌出样的数量越少。按一般的货架长度（长1200毫米、宽24毫米）来计算，侧挂的服装数量为：

春夏装：夹克外套：18～22件，裤子：

图 6-105

28～30条，衬衫：28～30件，套装：14～16套。

秋冬装：夹克外套：16～20件，裤子：24～26条，毛衣：20～25件，风衣棉衣：12～14套。

四、营造气氛的POP招贴

POP（Point Of Purchase）即导卖点广告，包括POP图片和POP信息，其功能是在购买场所促进销售。服装店铺的POP能指导顾客了解什么是最新的商品、商场搞什么促销打折活动、并搭配制造热烈的气氛，唤起消费者潜在意识，激发购买欲望。如美国知名休闲装品牌GAP橱窗里巨大的POP图片，已经成为品牌的第二个标志，不论季节和陈列主题如何改变，其大型POP作为背景的格局始终不变（图6-105）。

POP的张贴方式有悬挂式、柜台式、立地式、吊旗式、贴纸式、光源式、商品结合式（图6-106～图6-108）。

POP招贴的设计要求：POP虽然形式不同，但都有相同的

图 6-106

图 6-107

图 6-108

要求，那就是注重现场心理攻势，能够有效传达商品的优点、特性及给购物者意外收获的惊喜。好的POP招贴形式单纯明快、设计简练醒目、富有较强的视觉传达功能、造型和文字突出抢眼、阅读方便、重点鲜明、富有个性特点，等等。

五、强化品牌风格的试衣室

试衣间不应只是一个狭小的更换衣服的空间，好的试衣间设计不仅是方便更换衣服的场所，而且可以给消费者留下好印象。如位于纽约Broadway的Prada专卖店，不仅细心地为顾客准备了镜子、拖鞋、沙发凳，而且准备了摄像头和显示屏，方便顾客试衣时看到自己背后的着装效果，考虑可谓至善至美。

现在越来越多的品牌将试衣间纳入了设计的范围，JASONWOOD延伸品牌风格的门帘、DKNY设计感强烈的试衣镜、江南布衣的独立光照、VIVA LA JUICY印有Logo的墙纸，都在细节上再现了品牌的魅力（图6-109、图6-110）。

试衣间的设计要着重考虑一下几个问题：

图 6-109

图6-110　　　　　　　　　　　　　　　　　　　　　　　　　　　　　　　　图6-111

（1）确保顾客的隐私：我们在一些装修较为简陋的服装店里都遇到这样的尴尬情况：试衣间的帘子拉不严实，留有的细缝给人强烈的不安全感；试衣间上方中空，二三楼的某个角度能窥见试衣间里的情景。这些问题都影响顾客的情绪和对品牌好感的建立。将这些细节考虑仔细，是提升品牌形象的一个重要环节。JASONWOOD很好地解决了这一点：它将布帘的边上装上拉链，顾客走进去后将拉链拉上，布帘就与门框固定在一起，哪怕大风也吹不开了。

（2）镜子的设置不可或缺：国内很多品牌的试衣间没有镜子，顾客穿上服装后必须到外面的镜子来看效果，这也造成了很多尴尬：比如冬天购买春装的时候，很多春装比较薄透，顾客穿着这样的服装站在许多着装厚实的人中间会感到浑身不自在；顾客在穿脱衣服时会弄乱发型，没有人愿意以这样的形象暴露在公众面前；再如某些对自己身材不自信的人也不愿在公众面前展示自己的试衣效果。因此在试衣间里设置镜子是必要的（图6-111）。

（3）有独立的光照：对于有顶棚的试衣间来说，没有独立的光照是使顾客觉得极不方便的事情。黯淡的光线使顾客不能仔细地观看自己的着装效果，兴趣自然不高了。

（4）要有足够的面积：狭小的试衣间不仅闷热，还让体型

图6-112

较大的顾客转身困难，所以一些大牌的试衣间宁可减少试衣间的数量，也要确保充足的空间。

（5）半封闭门比全封闭门好：全封闭门不但使试衣间内空气闷热，而且在衣服尺寸不适合时，不方便更换。半封闭门可以保证空气流通，顾客也可以通过门的上方把服装递给营业员，让其更换尺码，而不用重新套上衣服走出来（图6-112）。

第二节　店铺陈列的规划构成

陈列的规划构成是指店铺或橱窗里总体或局部展具组合的指向特征。在平面上指的是陈列区和顾客动线的规划，在立面上指的是所有陈列元素的高低和层次安排。陈列师应当根据店铺面积特点和服装品牌特点的不同，运用不同的造型方法来塑造特色鲜明的店铺规划构成。图6-113、图6-114所示为CK纽

图6-113

图6-114

约旗舰店的平面和立面规划。

一、店铺陈列设计中的人体工程学

陈列设计是一门实用性科学，与人体的结合十分紧密，顾客行走、查看、拿取、试用商品等一切活动都需要一定的空间。因此了解人体工程学的一些基本知识，有助于我们有效地利用陈列空间。人体工程学在店铺陈列中的有效利用，主要是针对顾客的生理和心理特点，使店铺的规划和环境更好地适应顾客购物需要，从而达到提高服装店铺环境质量和视觉感受的目的。

1. 店铺陈列的视区划分

（1）视区高度：以我国人体平均高度大约为165~168厘米计算，人的眼睛位置大约为150~152厘米，按照顾客站立在货架前常规的观看距离和角度，有效的视线范围一般在70~183厘米。根据我国人体的视区特征，可把陈列区划分为三个部分：印象陈列空间、主要陈列空间、搭配陈列空间（图6-115）。

70~183厘米的区域，是顾客最方便看到和接触到商品的地方，因此作为主要的陈列空间，基本所有的主打产品都放置在这个区域。其中75~145厘米的区域，由于陈列的商品伸手可取，又被称为"黄金区段"。

70厘米以下的地方，可以设计为搭配陈列空间，用来放置一些搭配销售的商品，如鞋、包等，但童装店例外。

183厘米以上的空间由于视角的关系，不方便近距离仔细观看，因此适宜做形象展示，以吸引远处顾客的眼光（图6-116）。

（2）视觉中心：人在观看物体时不会一眼就把全部物体都看清，根据人的视觉心理，在观看物体时，人的瞬间视觉范围一般只能有一个焦

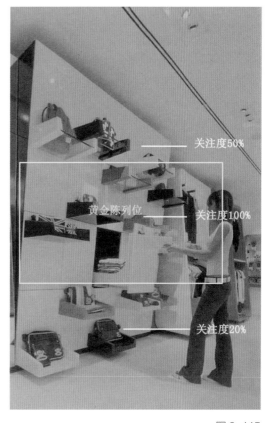

关注度50%

黄金陈列位

关注度100%

关注度20%

图6-115

图6-116

127

图6-117

图6-118

点或中心；视觉焦点或中心显得最清楚，最容易被察觉；对具体事物的观看视线流程通常是：通观全体→局部→另一局部→整体；视线停留的路径通常是左上方→右上方→右下方→左下方。因此，在进行店铺的整体陈列布局设计时，要根据人的视线移动特点，中心的陈列位置应尽可能地空间充裕，避免形成拥挤与紧张的视觉心理感受；在视觉中心放置新品和主打产品，或是能传达品牌应季主题风格的概念陈列；店铺的墙壁为陈列的主要部分，适合放置主打产品与新品；而移动货架则为顾客在店铺走动时观看；适合摆放常销款或打折商品（图6-117、图6-118）。

（3）视觉的连续性：人的视觉心理具有延续过程，在观看某个局部时，会对下一个局部和整体产生心理预期，因此，在设计服装陈列特别时专卖店的陈列时，要充分考虑各个局部视点的相互联系与协调，力求保持店铺整体陈列的连续性与完整性。比如消费者在进入店铺时能够首先看到的是当季新品；打折出售的尾货或让利产品应该放置在顾客完成一次整体观看的结尾处；收银台边适合摆放品牌饰品；使消费者在等待的时候能够看到饰品，以便购买；在试衣间门口陈列皮带等配件既方便消费者试穿，又可以使消费者了解产品搭配原则，扩展附加消费并最终形成品牌联想。

在服装商品货架层板或挂杆出样的色系安排上，也要根据人的视觉心理来设计。一般以主干道的走向为标准，由入口处往纵深由浅到深地排列，款式由短到长，质料由薄到厚，造型从简单到复杂，这样的顺序可造成较开阔、具有纵深感的空间效果，也符合人的视觉习惯（图6-119、图6-120）。

2. **店铺陈列的取放尺度设计**

店铺中所有的空间尺度、货架尺度等要素都要围绕人体来设计和规划。

综上所述，商品主要集中摆放在70~183厘米的区域，根据服装长度和出样方式的不同，可以设计若干个长短不一的空间分割。一般悬挂出样的服装，短上衣和裤子、裙子可以在一个立面上有两个层次；长大衣和连衣裙只能安排单层的悬挂空间来陈列。

70厘米以下的区域，成人需要弯腰选购，只适合摆放一些搭配的服饰品如鞋等，或者利用矮柜作平面展示（图6-121、图6-122），或者作为储备空间。这个区域，由于顾客要弯腰或下蹲来选购商品，因此在平面安排上要留出足够的空间以方便弯腰下蹲。

183厘米以上的空间，由于伸手拿取有困难，一般用来做形象展示。

图6-119

图6-120

图6-121

图6-122

图 6-123

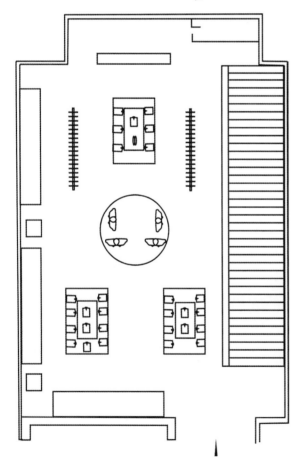

图 6-124

二、店铺的平面规划

店铺陈列的平面规划指的就是平面元素的布置安排，包括边柜、中岛、顾客动线、试衣间、收银台等一切陈列元素的位置规划。合理有序的平面规划能使顾客的购物动线流畅，并引导顾客在店铺里的浏览路径，保证顾客能走到每一个陈列区，方便地接触到每一类商品。另外，针对多楼层的店铺来说，好的平面规划能保持高层俯视视线的整齐优美，提高整体店铺的档次（图6-123、图6-124）。

（1）店铺的平面规划：首先要考虑的是店铺面积的大小和陈列物品的数量来设计每一个功能区的尺度，比如超大面积的店铺，可以考虑设置两个以上的收银台方便顾客付款，同时也要增加试衣间的数量；其次，店铺功能区的安排要围绕陈列区来设计，首要满足陈列区的空间，再依次规划其余功能区的大小和位置；再次，服装陈列物品的面积规划还需要综合服装品牌的档次来考虑，比如一个面积较小的高档品牌服装的专卖店，宁可减少陈列商品的数量，也不能使试衣间和顾客通道显得过于狭小，而影响品牌的档次。

（2）顾客动线规划：顾客动线指的是顾客在店铺里的行走线路。按照消费者的浏览习惯，初进入店铺时，会仔细地看大部分的商品。当浏览了几组商品过后，特别是在商品和店铺繁多的Shopping Mall，人的视觉就容易产生疲劳，对商品的关注度急剧下降。尤其是女性顾客与同伴一起边聊天边走的情况，更加无法专心浏览商品，哪怕遇到感兴趣的商品，视线捕捉到的形象却无法完整地传导到大脑里，因此错过。陈列设计要充分考虑到消费者的这一浏览特征，在动线规划时将视觉刺激点设置在眼睛随意浏览的焦点位置上。

（3）通道规划：店铺的通道规划要科学合理，必须综合考虑顾客的活动路径、浏览方式和试穿动作，增强引导性和有效性因素，减少销售死角。通道要保持足够的宽度，即使最狭窄的地方也要方便两个顾客并排交会。以我国女性平均肩宽40厘米、男性平均肩宽47厘米为基础，加上手臂摆动的幅度，人体活动宽度在70厘米左右。除此之外，人的行动还需要有个心理空间，因此90～120厘米的单向客流通道、150～180厘米的双向客流通道设置较为理想。但太宽的通道也不是理想的设计，如果通道太宽，不但浪费空间，也会使顾客从一个陈列区走到另一个陈列区的距离太远而产生疲劳感，影响购买兴趣。在通道的两侧，应该是最新的产品和主打商品，并充分配备挂旗、海报等POP广告。

图6-125

三、店铺的立面规划

店铺陈列的立面构成指的是立面空间的层次安排、陈列元素的高低尺度和形状指向。通过陈列元素（主要是陈列展具）在立面的纵向和横向安排，依据人体工程学，合理划分不同产品与出样方式的陈列区，使陈列空间显得条理有节奏。同时，优秀的立面规划能引导顾客的视线，使之停留在商家重点推出的商品上。在进行立面规划时要注意各类服装商品的尺寸，如风衣和连衣裙的陈列区高度要比衬衫和短夹克高（图6-125、图6-126）。

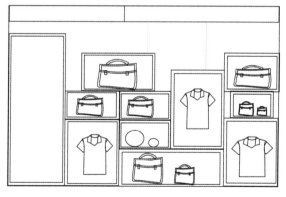

图6-126

第三节　店铺陈列的容量规划

　　SKU（Stock Keeping Unit）本意指的是商品库存单位，在这里指的店铺陈列的铺货量，即整个陈列面的商品陈列容量，而非库房里的存量。SKU数量过多或过少都不利于陈列效果。如果SKU数量过少，会显得商品量不足，整个店铺缺乏生气，显得非常冷清淡薄；如果SKU数量超标，店铺会显得拥挤不堪，影响服装的档次。并且顾客会所谓的"挑花了眼"，反而不易挑选到自己喜欢的款式。

　　SKU数量的规划要以品牌的定位为依据。通常情况下同样的陈列面积，越高端的服装商品，SKU数量规划越少。我们往往可以看到奢侈品牌店铺的SKU容量非常少，甚至一个陈列面只有寥寥数个陈列品（图6-127），这样设计的目的是为了彰显商品的高贵性和稀缺感。而那些快销服装品牌，通常以堆量来塑造货品充足的大卖场感觉，如快尚品牌H&M、

图 6-127

UNIQLO、GAP等，无不以大量商品来营造购物氛围，激起顾客的购买欲。

结合上述因素，陈列师在进行容量规划的时候，按以下步骤进行测算：

（1）品牌的定位。

（2）店铺的面积、各个陈列面的面积。

（3）根据不同的出样方式设定单个货架的SKU容量。

（4）根据店铺货架总数，计算整个店铺的SKU容量，并给予一定的弹性范围。

第四节 店铺陈列的设计原则

一、整洁、规范原则

店铺的所有安排都要求整洁、规范。货架的分布、货品的摆放、通道的规划、人台的着装等一切都要井然有序。陈列布置和日常维护应做到货架柜台无灰尘、货物堆放有序、挂装平整。店铺的整洁、规范是最基本的要点，是留给顾客好印象的第一步。

二、陈列品的易看易取原则

商品陈列不是艺术品展示，是用来给顾客触摸、试穿的，因此商品要放置在顾客容易发现并容易拿取的地方。新品的陈列应尽量靠近顾客通道，放置于略高于水平视线的位置。另外一个值得注意的要点是，做重点展示的服装在选购区必须放在容易看见的位置。比如逛街的顾客经常因为被橱窗里陈列的服装款式吸引而走进店铺，并试图进一步查看、触摸该服装。如果在店铺内不能很快地找到该服装，会产生不满的心态。因此，此类商品应放在最宜被发现的地方如进门的第一个货架或者演示陈列的旁边，以便顾客在第一时间看到（图6-128~图6-130）。

图 6-128

图 6-129

图 6-130

三、陈列品的安全原则

陈列品的摆放既要考虑其造型优美。具有足够的吸引力，又要充分照顾到它的安全性，陈列品放置的稳固与否、道具材质是否容易破裂、地面材料的防滑程度、货架的脚和地毯的边缘是否容易绊倒顾客、照射灯产生的热度、货架和装饰物是否有突出的尖角，等等，都是避免引起诉讼的关键，都需要缜密考虑。如美国某著名百货公司，就因冬季的店铺陈列中在主流通道使用了满是尖刺的树杈做装饰而存在安全隐患。

四、陈列和陈列品的更换原则

服装是季节性非常强的商品。季节更替，产品变化，要求展示的氛围也进行相应的变换。虽然从经济和时间因素考虑，商场固定的硬装修不可能经常变动，但可以变换相关道具来营造浓烈的季节气氛。比如将装饰物喷成嫩绿色和黄色来营造春天的感觉，在童装店的墙面和家具上贴彩色的贴纸来映衬"六一"节的欢乐氛围等（图6-131）。

另外，即使季节没有变化，陈列的服装商品也必须定期经常更换，即使没有新品上市，也需要经常变化摆放的位置和更新款式的搭配组合，使顾客时时有新的感觉，因此愿意经常光顾。美国的Urban Outfitters，就以不断翻新的店面设计著称，它将同样的服装经常变换位置进行新的组合，让客户常有淘宝式的新鲜发现。

五、商品陈列的搭配原则

服装产品陈列需要搭配展示。首先，搭配陈列能体现服装的整体形象，形成强烈的着装效果，比单品对消费者形成更大的吸引力；其次，搭配展示能扩展销售，引起消费者的关联购买；最后，搭配陈列能够增加商品的层次感与丰富程度，即使是简单的侧挂陈列，也往往会作里外服装搭配展示，

图6-131

图 6-132

图 6-133

或者两件同款不同色的服装套穿，以呈现丰富的层次效果（图6-132、图6-133）。

六、合理尺寸的交通通道

顾客通道的设置应有利于引导消费者，使他们容易到达每一个销售区域。通道的设计应当有足够的宽度，即使最窄的地方也要能容纳并排的两个人（图6-134）。

图 6-134

七、充足的照明设计

商场的光环境不单是为了满足照明的需要，它更有吸引视线、突出商品、烘托氛围的功能。为了充分展示商品的质感与美感，射灯是必不可少的照明工具，而利用霓虹灯或灯箱能达到吸引消费者注意的目的。另外，利用几种色相、明度相差很大的组合性装饰照明，会为空间创造丰富的层次感（图6-135~图6-138）。

在从商店入口看进去的深处正面应采取比一般照度更亮的照明，并把深处正面的墙面陈列作为第二橱窗考虑，照度一般取店内平均的2.5倍。

图6-135

图6-136

图6-137

图6-138

本章小结

1．店铺的陈列区依据陈列功能的不同划分为三个部分：演示区、展示区和陈列区。不同的区域有不同的位置、展具和陈列方法。

2．服装品牌的店铺应当根据商品特性如价格、品类、色彩、系列等分为几个陈列区域。

3．服装的不同出样方式具有不同的陈列效果和不同的陈列功能。

4．服装店铺的POP招贴能传达品牌形象、指导顾客了解商品信息、并搭配制造热烈的气氛。

5．服装店铺的试衣间设计应该强化品牌风格。

6．店铺陈列规划应该符合人体工程学。

7．店铺陈列要根据服装品牌的性质决定商铺的容量。

思考题

1．如何合理划分店铺的功能区域？

2．本品牌服装的陈列适合怎样的出样方式？

3．如何做到整体店铺陈列设计既风格统一又重点突出？

参考文献

［1］王怡然.服饰店经营管理实务［M］.沈阳：辽宁科学技术出版社，2003.

［2］李当岐.西洋服装史［M］.北京：高等教育出版社，1997.

［3］马大力.店铺陈列设计——服装视觉营销实战培训［M］.北京：中国纺织出版社，2006.

［4］MARTIN M. PELGER. Visual merchandising an display［M］. NY, Fairchild publication, Inc. 2004.

［5］Style Guide, L. I. S Verlag GmbH.［J］. Germany ISSN:1619-6635.

［6］王朝钰.论专卖店商品陈列方法探讨［OL］. 2008（4）:198-198. http:// www.lunwentianxia.com/product.free1003280.1/

［7］半导体照明网.白光LED色温知识［OL］. http://lights. Ofweek. com/2009-07/ART-220002-8710-28416858. html.

附录　练习内容与设计程序

第一部分　成功的服装陈列设计的前提

思考题：

1. 成功的服装陈列设计的前提应该具备哪些因素？

2. 什么因素对陈列达到效果的影响最大？

3. 如何准确地分析目标消费群体的喜好和对品牌的期望度？

作业：

1. 确定目标品牌，分析目标消费群体的消费文化构成，实地考察品牌的专卖店形象、橱窗和卖场陈列，找出其优缺点。

2. 考查竞争对手的专卖店外观、橱窗和卖场陈列，分析设计缺口，撰写调研报告，为后续设计作准备。

作业要求：

调研报告制作成PPT演示文件。要求图文并茂，有针对性品牌，数据真实、内容完整、分析精确。

课程时间安排：6课时

第二部分　创意性店面外观和橱窗陈列设计

思考题：

1. 店面外观和橱窗陈列怎样做到对路人的吸引？

2. 橱窗陈列的重点是什么？

3. 如何让橱窗陈列作为卖场陈列的一部分？

作业：

1. 观察富有创意的店面外观形象，研究其构造特征。

2. 观察并研究不同材质、照明方式、展具的陈列效果。

3. 根据所学知识，为上述目标品牌进行店面外观及橱窗展示设计，注重橱窗的构造、设计主题的创意和展具的选用。

作业要求：

制作一个橱窗陈列的场景，要求构图完整、比例恰当、思路新颖、主题突出、符合品牌风格。

课程时间安排：16课时

（学生作业附图1～附图8）

附图1　学生作业–1

附图2　学生作业–2

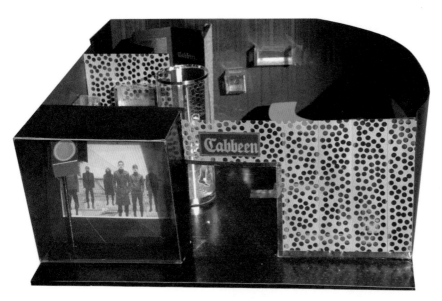

附图 3　学生作业 -3

附图 4　学生作业 -4

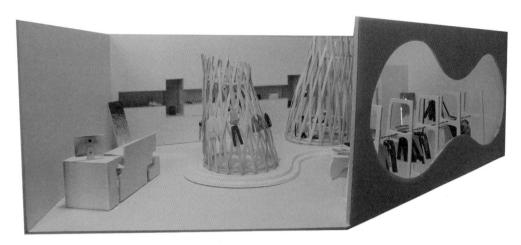

附图 5　学生作业 -5

附图 6　学生作业 -6

附图7　学生作业 -7

附图8　学生作业 -8

第三部分　品牌服装的卖场陈列设计

思考题：

1. 如何合理划分卖场的功能区域？
2. 本品牌服装的陈列适合怎样的出样方式？
3. 如何做到整体卖场陈列设计既风格统一又重点突出？

作业：

1. 绘制卖场陈列的平面规划图，合理安排功能区域。
2. 根据平面规划制作卖场陈列的三维立体模型。

作业要求：

要求陈列功能齐全、构图完整、主题明确、比例恰当、思路新颖、符合品牌风格。

课程时间安排：16课时

（学生作业附图9～附图34）

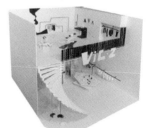

在店面的设计中，希望使店面呈现出简约的装修风格，店内的家具及装饰采用棱角分明的直线、折线作为构架基础，而部分图案及装饰的形态所呈现的曲线用去减轻纯棱角给人带来的不适感。设计之中还希望带来一定的中国元素，在一楼前后厅规划时，采用墙与玻璃以屏风的形式分割前后，并以喷漆的手法以期在玻璃上呈现国画中竹的效果。

附图9　学生作业 -9

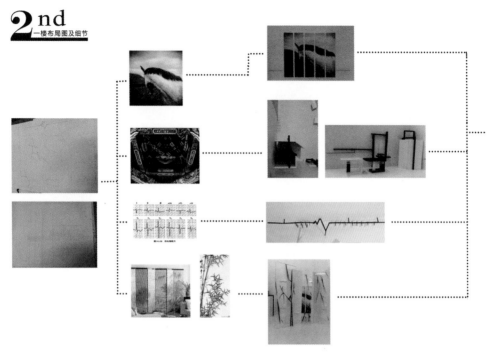

附图 10　学生作业 –10

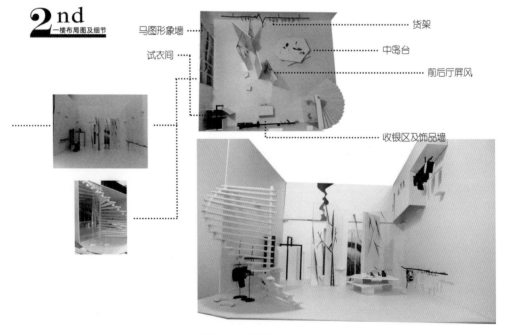

附图 11　学生作业 –11

2nd 一楼布局图及细节

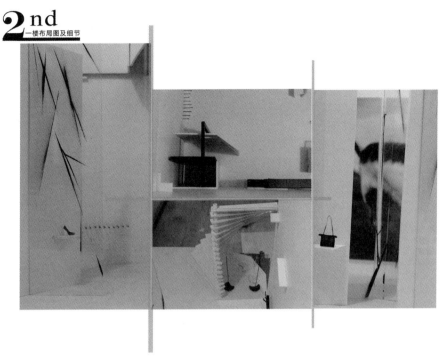

附图 12　学生作业 −12

2nd 一楼布局图及细节

一楼楼梯底橱窗

附图 13　学生作业 −13

3rd
二楼布局图及细节

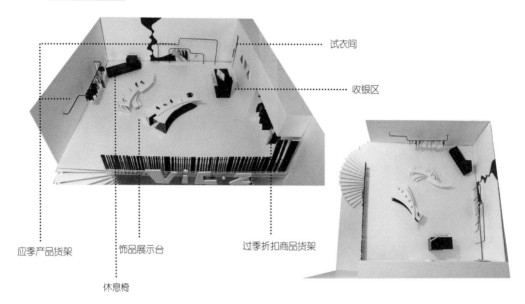

试衣间

收银区

应季产品货架

饰品展示台

休息椅

过季折扣商品货架

附图 14　学生作业 –14

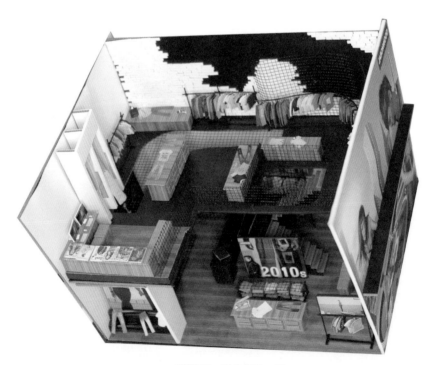

附图 15　学生作业 –15

附图 16　学生作业 -16

附图 17　学生作业 -17

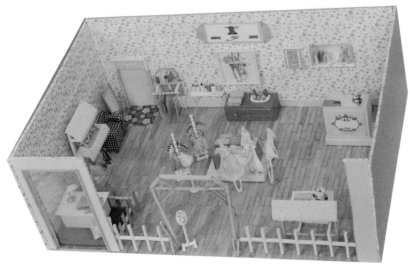

附图 18　学生作业 -18

附图 19　学生作业 -19

附图 20　学生作业 -20

附图 21　学生作业 -21

附图 22　学生作业 -22

附图 23　学生作业 -23

附图 24　学生作业 -24

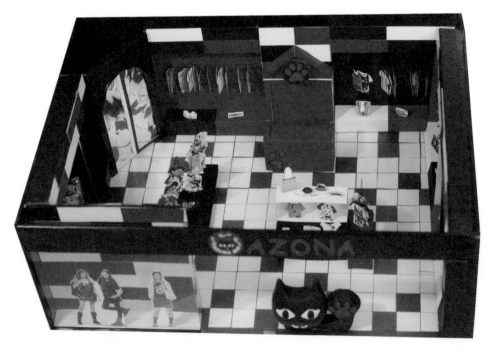

附图 25　学生作业 -25

附图 26　学生作业 -26

附图 27　学生作业 -27

附图 28　学生作业 -28

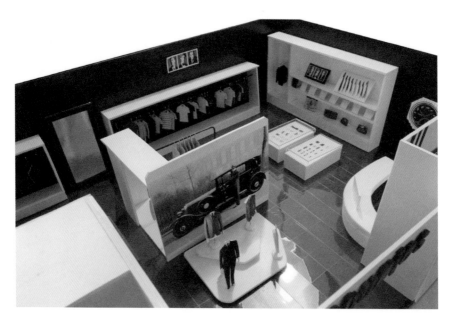

附图 29　学生作业 -29

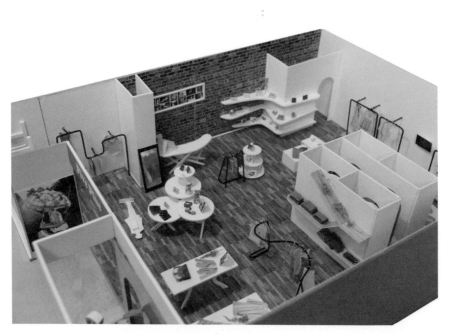

附图 30　学生作业 -30

附图 31 学生作业 -31

附图 32 学生作业 -32

附图 33　学生作业 -33

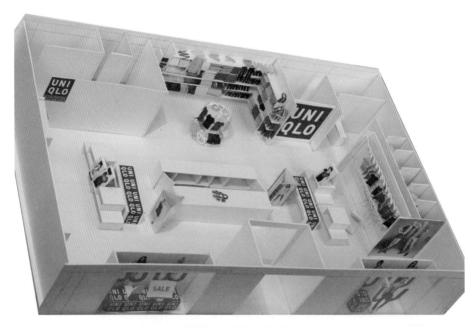

附图 34　学生作业 -34